创新设计思维与方法研究丛书

具身性设计思维与方法

基于具身认知理论的智能产品设计思维与方法研究

Embodied Design Thinking and Methods

Research on Design Thinking and Design Methods of Smart Products Based on Embodied Cognition

主　编______ 何晓佑
著__________ 郑　依

江苏凤凰美术出版社

图书在版编目（CIP）数据

具身性设计思维与方法：基于具身认知理论的智能产品设计思维与方法研究 / 郑依著. -- 南京：江苏凤凰美术出版社, 2024. 12. --（创新设计思维与方法研究丛书）. -- ISBN 978-7-5741-2603-9

Ⅰ. TB472

中国国家版本馆CIP数据核字第20247EM008号

策　　划　方立松
责任编辑　孙剑博
编务协助　陈沁喆
责任校对　唐　凡
书籍设计　武　迪
责任监印　唐　虎
责任设计编辑　赵　秘

丛 书 名　创新设计思维与方法研究丛书
主　　编　何晓佑
书　　名　具身性设计思维与方法——基于具身认知理论的智能产品设计思维与方法研究
著　　者　郑　依
出版发行　江苏凤凰美术出版社（南京市湖南路1号　邮编：210009）
制　　版　南京新华丰制版有限公司
印　　刷　江苏凤凰新华印务集团有限公司
开　　本　718 mm × 1000 mm　1/16
印　　张　10.25
版　　次　2024年12月第1版
印　　次　2024年12月第1次印刷
标准书号　ISBN 978-7-5741-2603-9
定　　价　98.00元

营销部电话　025-68155675　营销部地址　南京市湖南路1号

总序

当前，新质生产力成为中国经济的一个高频词，它强调关键性、颠覆性技术突破，强调新一代信息技术、新能源、新材料、先进制造、生物技术等战略性新兴产业创新性配置，强调感官、互联网、人工智能等未来产业创新性结合，强调劳动者、劳动资料、劳动对象及其优化组合的质变，以全要素生产力提升为核心标志，形成当代先进生产力。

新质生产力不仅包括直接的物质生产能力，还包括精神生产能力，而两者都离不开一个重要的推动力——设计。设计的本质是将现有的状态朝更好的方向牵引的思想、方法和行动的总和。设计是从科学与文化双重性视角出发的创造和改变。设计的责任之一是发现新的要素，满足新的需求，拥有新的功能和使用方式，不断探索新的可能性，特别是为科学技术开拓更多的应用对象、内容、场景、方式、样式的可能性，使产品具有更多的内在意义。

新，需要有高创想能力。我们要成为一个高创想型国家，也希望自己成为高创想型人才。高创想力的基本特征是富于开拓性，具有创造力，能开创新局面。要成为这样的人才，就需要建立起自己的底层逻辑——问题意识、好奇心、想象力、探索力。教育的目的不仅仅是传授已有的东西，而且要把学习者的创造力激发出来。我们的教育需要创造这样一种环境：一种让学习者可以提出各种可能性的环境，一种可以让学习者培养创新力的环境。

“创新设计思维与方法研究丛书”正是适应了时代发展需求，其中的有效方法能帮助学习者形成创新设计的思维能力。2019年，该丛书被列入国家出版基金年度项目，出版了五本研究成果：《互补设计思维与方法：基于视觉传达设计领域的互补设计方法研究》（作者：王潇娴）、《健康设计思维与方法：健康设计思维方法及理论构建》（作者：邓嵘）、《方式设计思维与方法：基于中国传统智慧的当代创新设计方法研究》（作者：张明）、《协同设计思维与方法：基于“沟通”的协同设计方法研究》（作者：时迪）、《动力学设计思维与方法：基于设计“原动力”创新方法研究》（作者：唐艺）。2023年，该丛书再一次被列入国家出版基金年度项目，继而出版了五本研究成果：《数字设计思维与方法：隐性与显性转换设计方法研究及理论构建》（作者：陈炬）、《用户认知设计思维与方法：产品设计中的认知模式研究》（作者：张凯）、《联结性设计思维与方法：基于设计过程的分析方法研究》（作者：孔祥天骄）、《未来设计思维与方法：基于未来视角的设计方法研究》（作者：邹玉清）、《无意识设计系统方法的符形学研究》（作者：张剑）。

下面的五本研究成果，是2023年度国家出版基金年度项目的继续：

《假设性设计思维与方法：基于反事实理论的优化设计方法研究》（作者：刘恒）。本研究论述了设计者的创造力既包括瞬间的直觉反应，又包含逻辑推理的判断与分析，因此，创新性的假设是必不可少的。但设计者首先需要找到设计目标的基点，优化设计即为设计者借助已有事物基点进行设计创新的一种方法，“假设”则是优化设计的核心。在优化设计中，以解决问题为目标的优化设计是“由因及果”的思维过程，但也容易使设计者陷入思维定式；以创新为目标的优化设计，则可以看作“由果及因”的思维过程，即“假设提前”的过程。借助心理学的反事实思维模型，即可看出二者呈现出不同的思维路径。本研究根据反事实思维前提条件假设的三种形式，提出了产品优化创新设计的六种假设方法，即前提条件的添加、消除、替换、改善、增强、修复。这六种假设方法可以启发设计者跳出经验的思维定式，进入一个可能性的思维空间以探索设计创新。

《具身性设计思维与方法：基于具身认知理论的智能产品设计思维与方法研究》（作者：郑依）。本研究将认知科学中的前沿理论“具身认知理论”引入设计学科，构建起智能产品设计思维与方法的理论体系。首先，从具身认知理论的两项核心要素——身体与环境——出发，对核心要素、要素间的关系和要素“身体”的两项基本活动“知觉”与“行为”进行了梳理，并从具身认知的视角对设计领域的智能与智能产品本体进行研究，提出了产品的“智能”与“智能产品”的定义，以及智能产品的三个基本特征——具身性、情境性与意向性。其次，对智能产品设计思维的构成进行系统化研究，提出了用户、智能产品与情境的认知活动机制，用户具身十要素和智能产品具身十要素，以及用户和智能技术的四种认知关系。最后，对“用户如何认知智能技术”和“智能产品需要进行哪些方面的设计”两方面分别进行深入探究，从而提出了两个智能产品设计思维模型——用户智能技术认知模型（TAAB模型）和智能产品设计四维模型，并在此基础上构建了智能产品设计分析法、设计工具和与之相匹配的设计流程，从而搭建起智能产品设计思维与方法的理论体系，为未来智能产品设计提供相应的理论基础与设计路径，对智能产品设计思维与方法的研究进行了有益的前瞻性探索。

《扩散型设计思维与方法：基于创新扩散思维的产品设计方法研究》（作者：孟刚）。本研究立足设计学学科的交叉视野，结合传播学、社会学、市场营销学、管理学等多学科理论，提出基于设计创新扩散的迭代策略，丰富了设计理论。同时，本研究根据创新扩散基本Bass模型（基本S型扩散模型）以及扩散内因、扩散外因等因素，在产品设计中构建创新扩散设计方法，优化新产品的传播路径，提高产品的传播效率，对设计过程起到有效的思维引导和方法指导的作用。本研究聚焦创新扩散理论在产品设计中的方法构建和产品实证，探索了以创新扩散为目标的设计思路，提出了扩散特征表达需求并驱动创新而后影响创新采纳效果的产品设计模式，证明了根据扩散过程的信息反馈而进行的产品迭代，提升了用户的新增采纳概率和模仿采纳概率，同时也验证了以创新扩散需求为导向的产品设计策略的可行性。

《问题设计思维与方法：基于问题发现的设计方法研究》（作者：赵铖）。本研究主要围绕问题的研究和设计方法的建构而展开。对于问题的研究，首先要厘清问题的相关认知，即对问题本身加以定义和界定，理解问题的定义、问题的构成要素、问题的结构分类，以及问题的基本特征，并梳理各个学科关于问题研究的核心观点，致力于对设计问题产生参考意义。其次，研究问题思维的构成要素。从元认知、认知基模、认知框架等角度论述问题的思维方式，并对问题思维中的待解问题、抗解问题，以及知识映射和溯因推理进行分析，进而对问题思维中的环境约束、目标导向、范式转变和系统评价进行阐述。最后，问题研究的重点在于发现问题。问题发现是一个需要不断对问题要素进行梳理、分化、整合，并发现新问题、对问题进行重新定义的迭代过程。因此，如何正确地设定问题、形成发现问题的设计方法，是该书阐述的核心内容。基于问题发现的设计方法范式，需要通过问题分析，根据要达成的目的、立场、所具有的空间资源和时间限制，正确地设定并发现问题；并依据内部条件和外部因素，对问题进行深度剖析，罗列、梳理问题并进行分类，从中提取问题的主要特征和构建问题的框架，从而找到关键性问题；进而对发现的主要问题展开综合分析，在认识上升维，在方法上降维，明确问题发现的核心、目的、方法、措施、现象和结果；最后，根据新的情况和资源对问题进行重新定义，提出基于问题发现的设计创新概念和问题研究的7个模型，提供一种“以问题为本”的创新设计路径。

《全适性设计思维与方法：基于共享理念的产品设计方法研究》（作者：李一城）。本研究论述早期的无障碍设计，通过改建、增建和专门化设计来满足有生理残障的人群的使用需求。但这无形中也将他们与社会主流分割开来，在心理上造成孤立。全适性设计起源于北欧，从对特殊需求群体的研究开始，设计师与用户协作，通过大量的测试和改进，最终导向是为尽可能广的群体所共享的设计。这意味着设计逻辑从特异性向普适性转变，是一种让“各方都能接受的设计”。以往对全适性设计的研究更多基于方法层面，该书在总结方法运用的基础上，通过构建全适性设计的理论模型，将其归纳为一种创新设计思维，在“共享理论”的视角下，推进了通用性设计、无障碍设计、参与式设计等理论与方法。

四十多年来，中国设计业发展成果显著，但是在前沿性基础理论研究层面明显滞后，设计学基本上是跟着国外设计理论发展的。今天的“中国设计”要在世界上发出“声音”，要有“话语权”，就必须从“跟随式发展”转型为“先进性发展”。本丛书着眼于提出中国人在前沿性设计思维与方法研究领域的思考与思想，也包括将现有国际设计理论向前推进，以学科交叉的研究方法，立足中国文化立场，提出解决人类创新设计问题的理论与实现路径，形成理论贯通实践的探索格局，为新时代中国创新设计的现代化发展奠定丰厚的理论基础。

主编

南京艺术学院教授、博士生导师

中国工业设计协会特邀副会长兼设计教育分会理事长

中国高等教育学会理事兼设计教育专业委员会副理事长

江苏省工业设计学会理事长

2024 年 9 月 30 日

前言

随着技术的不断发展，人类社会进入到第四次工业革命。人工智能技术的飞速发展，带来了人们生活天翻地覆的变化。越来越多的智能产品涌入寻常百姓的家中，这不仅改变了人们生活的各个方面，也改变了人们自己。人工智能技术的广泛应用使得传统产品逐步发展成为智能产品，在这些产品给人们生活带来便利的同时，所需要解决的问题也日益复杂。然而，在当前智能产品设计的过程中，指导设计的设计思维与方法却没有进行相应的改变；换句话说，现有的设计思维与方法跟不上技术的快速发展，设计师依然沿用第三次工业革命语境下产生的设计思维与方法进行智能产品设计。由此，针对智能产品快速发展所带来的设计思维无法与之相匹配这一问题，本书试图将认知科学中的前沿理论——具身认知理论引入设计学科中进行讨论，对智能产品设计思维与方法进行前瞻性探索与研究。

本书主要分为三个部分。第一部分是对具身认知理论进行了整理，对其核心要素、各要素间的关系，以及作为核心要素之一的身体的两项基本活动进行了研究。同时，使用文献分析法对国内外智能和智能产品概念进行了梳理，从具身认知的视角对设计领域智能与智能产品的定义进行了补充与重新定义，并结合案例提出了智能产品的三个基本特征。这些为智能产品设计思维与方法的研究提供了理论基础。

第二部分是从用户和智能产品的认知活动出发，从用户和智能产品的认知活动、具身性设计要素，以及用户与智能技术的认知关系这三个方面，对智能产品设计思维的构成进行了系统化研究，提出了用户、智能产品与情境的认知活动机制，用户具身十要素，智能产品具身十要素，以及用户和智能技术的四种认知关系。

第三部分是对“用户如何认知智能技术”和“智能产品需要进行哪些方面的设计”这两方面分别进行了深入探究。在用户与智能技术的认知关系基础上，对用户认知智能技术的四个阶段、两个影响因素、三个层面进行了研究，从而提出了用户智能技术认知模型（TAAB模型）。之后，结合具身认知理论与智能产品具身性设计要素，对智能产品设计的四个维度进行研究，构建了智能产品设计四维模型，并运用个案研究法对两个智能产品设计思维模型进行解析与应用。在前面研究的基础上，提出了智能产品设计分析法，结合通过设计进行研究（Research through Design）的方法，搭建了四个设计方法、设计工具和与之相匹配的设计流程，从而构建起智能产品设计方法，并结合完整的设计实践对智能产品设计思维与方法进行验证。

本书通过针对面向设计领域的智能和智能产品本体的研究、智能产品设计思维的构成与模型，以及设计方法的研究，搭建起智能产品设计思维与方法的理论体系，为未来智能产品设计提供相应的理论基础与设计路径，对智能产品设计思维与方法的研究进行了有益的探索。

郑 依

2024年10月

目录 Contents

第一章　绪论

1.1 研究背景

1.1.1 技术变革带来的影响

在人类历史发展的长河中，技术革命伴随着人类历史的始终：每次出现新技术或者出现看待世界的新视角，人类的经济体制和社会结构便会发生深刻的变革。第一次工业革命大约从1760年兴起持续到1840年，由蒸汽机的发明和改进引发这次革命，引领人类进入机械生产的“蒸汽时代”。第二次工业革命从19世纪70年代开始到20世纪初基本完成，随着人们对电力的大规模应用，规模化生产应运而生，人们进入 “电气时代”。第三次工业革命始于20世纪50年代，通常被称为信息技术革命、信息革命等，因为催生这场革命的是“半导体技术、大型计算机（60年代）、个人计算机（七八十年代）和互联网（90年代）的发展”（施瓦布，2016：4）。2016年，世界经济论坛创始人兼执行主席克劳斯·施瓦布（Klaus Schwab）在《第四次工业革命》一书中提出目前世界正处在第四次工业革命的开端。施瓦布认为第四次工业革命始于20世纪和21世纪之交，是在数字革命的基础上发展起来的。数字化和人工智能技术的快速发展，让人们的生活、工作与联系方式都发生了根本性的改变。这场革命让物理、数字和生物领域之间的联系变得更加紧密。从生物技术到人工智能，这些技术的爆发式创新不仅改变人们的行为，而且改变人们自己，甚至重新定义了人类的意义所在。第四次工业革命对每个个体包括身份认同在内的多方面产生了影响，如消费方式、工作方式和个人技能等；还影响着人们社会交往和维系人际关系的方式，以及人们对自身健康状态与家居生活的关注等（图1-1）。第四次工业革命的发展速度之快、范围之广、涉及生活之全面，让人们不得不重新思考人类自身存在的意义与价值。

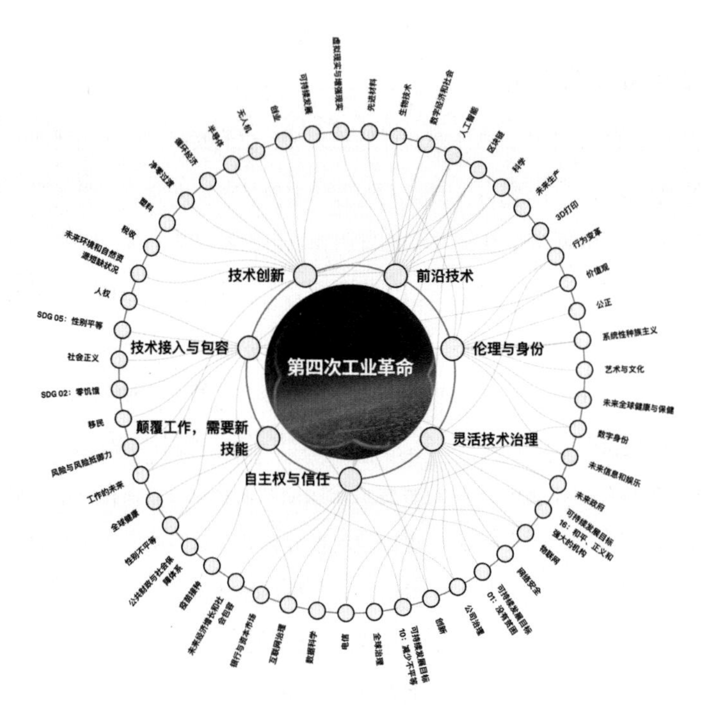

图 1-1　第四次工业革命影响地图
资料来源：世界经济论坛官网

1.1.2 技术促使人的认知能力转变

一个新技术的出现，往往伴随着技术如何应用在社会与生活中的问题。技术从发明到进入人们的日常生活，往往需要经历漫长的时间，如公元前 4000 年的美索不达米亚出现了最早的道路，但一直到 19 世纪道路才真正实现“现代化”。然而进入第四次工业革命，技术应用的周期大幅缩短，语音识别技术、人脸识别技术等人工智能技术层出不穷地快速进入人们的生活，这对人们接受与适应技术的能力提出了更高的要求。

杰弗里·摩尔（Geoffrey A. Moore）对技术应用的过程开展研究，并于 1991 年提出了技

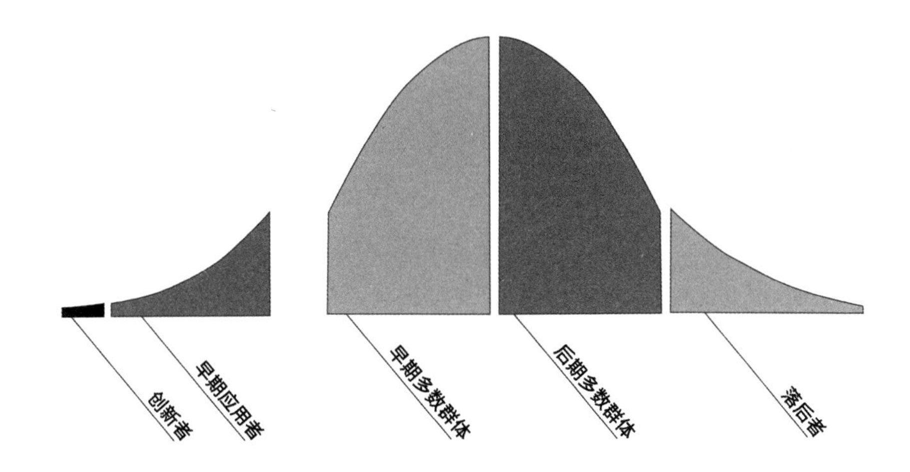

图 1-2 技术采用生命周期
资料来源：《跨越鸿沟》

术采用生命周期（technology adoption life cycle）（图 1-2）。在这个模型中有六类人群[①]，除了图中展示的五类人群，还包括发明技术的人。在此模型中，当技术应用到一定的程度，大部分的人才会逐渐接受该项技术。然而，每两个群体中间都有一个间隙[②]，这是由于任何群体在接受一个新产品时都会遇到困难。在技术应用的过程中，不同的人群对技术的接受程度不一样，让技术随时可能在鸿沟或者裂缝中夭折，无法应用到更加广泛的人群中。技术采用生命周期产生于第三次工业革命后期，随着人类社会进入第四次工业革命，一个又一个新技术的快速涌现让不同人群之间的裂缝不断加大，人们在接受技术的过程中遇到的阻碍越来越多。根据中国互联网络信息中心的数据显示，截至 2020 年 6 月，中国大约有超过 1.5 亿的

---

① 六类人群包括发明技术的人、创新者（innovators）、早期应用者（early adopters）、早期多数群体（early majority）、后期多数群体（late majority）以及落后者（laggards）。其中创新者指的是愿意尝试新技术的初期版本的人，落后者是技术应用趋向尾声时参与其中的人。

② 早期应用者和早期多数群体之间有着比较大的间隙称为“鸿沟”，每两个群体中间的小间隙被称为“贝尔曲线上的裂缝”。

老年人对互联网可能一无所知，更不会使用智能手机。随着新冠疫情的突然暴发，人们生活的数字化转型加速，然而不会使用智能手机的老年人日常出行与生活受到重重阻碍，如出入公共场所的智能手机健康码查验等。这就需要设计力量的介入让不同人群接受技术，并让人们都能够享受到技术发展带来的技术红利。

在创新的发展速度和传播速度比以往任何时候都快的时代，技术的发展与人类适应能力的关系也发生了变化。2017 年，Google X 实验室的总负责人阿斯特罗·泰勒（Astro Teller）绘制了世界变化速率与人类适应能力的关系曲线图（图 1–3），显示出 2007 年以后科技变化速率已经超越人类的适应能力。人类的适应能力与技术的关系开始发生变化，由人类可以游刃有余地适应技术变化到人类开始跟不上技术的发展。泰勒认为如果人类能够加强自身的适应能力，就能跟上技术发展的速度。因此，人工智能技术的快速发展要求人的认知能力进行相应提升。

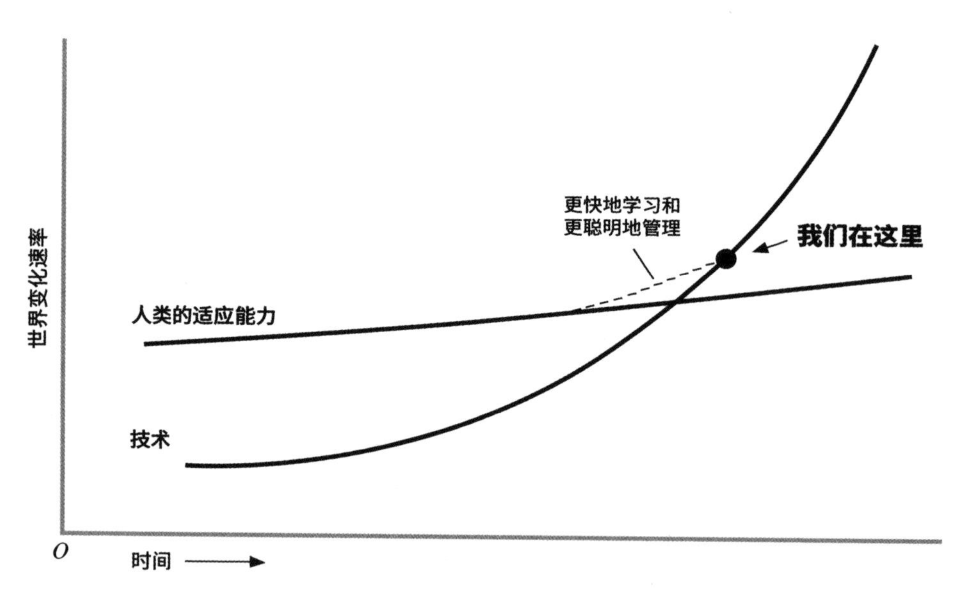

图 1–3 世界变化速率与人类适应能力的关系曲线图

资料来源：《谢谢你迟到了》

1.1.3 智能产品成为新的发展趋势

过去的几年里，在人们的日常生活中已然能看到各种应用了人工智能技术的智能产品，如智能音箱、智能手表、智能马桶等。一份研究瑞士人对智能产品的使用和感知的《2020 年智能产品报告》的数据显示，72% 的瑞士人已经拥有智能产品，并且瑞士人对未来购买智能产品表现出极大的兴趣（Zimmermann et al.，2020）。由此可见，智能产品正成为人们消费的新趋势。这是因为人们对生活质量的要求不断提高，希望拥有更加舒适与便捷的生活。因此，智能产品设计正成为设计领域的新趋势。

目前智能产品的发展正处在上升阶段，智能产品设计则处于起步阶段，围绕着智能产品存在着很多的问题亟须解决。然而随着人工智能技术越来越多地应用到智能产品中，颠覆了产品与人、产品与环境、人与人之间的关系，使得产品原有的设计思维不能很好地满足智能产品的设计需求。因为目前大部分智能产品是在原有设计思维的框架下进行设计的，设计思维并没有发生改变，无法应对智能产品在设计上发生的诸多变化，这导致目前的设计思维不能很好地应对日渐复杂多变的设计问题。因此，对智能产品设计思维与方法的研究就显得尤为重要了。

1.2 研究目的与意义

1.2.1 研究目的

随着智能技术的快速发展，智能产品越来越多地渗透到人们的日常生活中，对智能产品设计也提出了更高的要求。智能产品与传统产品在功能、交互方式、技术等方面都有较大的不同。然而智能产品所面对的用户需求也与以往不同，用户更加希望智能产品可以时刻满足自己各方面的需求。由此，传统设计思维与方法较难适应用户复杂多变的需求与日益复杂的设计问题，这就需要对面向智能产品的设计思维和方法进行变革，以适应技术的发展和用户需求的不断变化。

目前，智能技术已经广泛地应用在智能产品中。因此，设计思维与设计方法的改变需要从智能产品这个根源上出发，研究“智能产品是什么”和“智能是什么”，同时研究智能产品以及与智能产品紧密相关的用户所包含的要素、活动等方面。此外，还有应用在智能产品中的智能技术，这些方面都对设计思维与方法提出了新要求。本书通过对认知科学的前沿理论——具身认知理论的研究，发现具身认知理论能够从一个全新的视角来看待用户、智能产品与环境之间的关系和变化，从而较好地解决智能产品快速发展带来的设计思维无法与之相匹配的问题。因此，本书以具身认知理论为基础展开相关研究，探索具身认知理论与智能产品设计的内在关联，提出基于具身认知理论的智能产品设计思维与方法，解决智能产品设计中存在的诸多问题。

1.2.2 研究意义

（1）理论价值

本书针对因智能产品的快速发展而产生的设计思维与方法无法与之相适应的问题，将认知科学的具身认知理论引入设计领域中进行讨论，试图搭建起基于具身认知理论的智能产品设计思维与方法。目前在智能产品设计领域，对设计思维与方法的研究较少，且在具身认知理论视角下开展智能产品设计思维与方法的研究也属于刚刚起步的阶段。因此，在智能产品设计的领域中对具身认知理论展开探索，为智能产品设计研究开辟了一条新路。在此基础上，对智能产品的定义、特征、要素等方面进行了研究，提出了面向设计领域的智能产品新定义、基本特征，且从用户和智能产品的认知活动出发，提出了用户和智能产品的具身性设计要素、用户和智能技术的四种认知关系，构建了用户智能技术认知模型与智能产品设计四维模型。这为智能产品设计思维与方法的研究打下坚实的理论基础，且具有较强的理论指导意义。

（2）实践价值

本书在智能产品设计思维研究的基础上，提出了智能产品设计分析法、设计工具及设计流程，系统地阐述了具身认知视角下的智能产品设计方法，为今后智能产品的设计提供了一套完整的设计方法。另外，本书以虚拟设计项目和设计教学项目为设计实践案例，对智能产品设计方法进行了验证。设计实践的验证结果表明，智能产品设计思维与方法对智能产品的设计具有较高的实践指导意义，弥合原有设计思维与方法和智能产品之间的不匹配问题。因此，对于基于具身认知理论的智能产品设计思维与方法具有较强的实践意义。

综上所述，本书将构建的理论与设计实践进行较好的融合，具有较高的理论价值和实践价值，这对设计思维与方法的发展有着较大的促进作用。

1.3 研究现状

1.3.1 国内外智能产品设计思维与方法研究现状

目前国内外关于智能产品设计思维的研究都还处于起步阶段。在国外，面向智能制造领域，有的学者（Zawadzki and Żywicki，2016）关注智能工厂（smart factory）方面，提出了智能产品设计（smart product design）和智能生产控制的概念，认为这些概念是智能工厂的必要元素并能够有效地实现大规模定制（mass customization）。面向设计领域，有些学者（Valencia et al.，2015；Zheng et al.，2018）则聚焦在智能产品服务系统（smart product-service systems，Smart PSSs）方面的设计研究，如基本特征、设计方法等。有的学者（Zhang et al.，2020）关注面向数字孪生等新技术的产品设计新方法以及智能产品设计框架。

在国内，有的学者关注面向物联网的智能产品设计与设计思维研究，杨楠与李世国（2014）针对物联网环境下的智能产品进行研究，认为智能产品的特征是“具有敏锐的感知能力、智能的处理能力和自然的交互方式”，并提出了快速低成本地构建智能产品原型的方法。徐威与王佳玥（2016）提出根据“智商”的概念对物联网下的智能产品所具有的能力进行不同层级的划分，进而对物联网时代的智能产品设计进行不同方面的策略指引；谭浩和徐迪（2018）对基于情境的智能产品交互方面的设计思维进行了研究。还有部分学者聚焦在人工智能产品方面的研究，例如：王宏飞（2019）概述了人工智能产品的特性、设计特点与设计逻辑，孙凌云等人（2020）对人本人工智能[①]产品设计与发展趋势进行了分析与总结，以及孙凌云（2020）编纂的书籍《智能产品设计》围绕人工智能，对人工智能与设计的概念、基本知识、人机交互、智能产品设计等相关的内容进行了系统梳理，孙效华等人（2020）对人工智能产品与服务体系进行了系统研究，认为“人工智能产品具有情境感知、自适应学习、自主决策、主动交互与协同的典型特征”，并分析了人工智能产品的各种服务应用场景。徐悬等人（2020）对人

① 人本人工智能（human-centered AI，HAI）是人工智能和机器学习的一种视角，指在设计智能系统的过程中，必须意识到智能系统是由人类利益相关者组成的更大系统的一部分。

工智能设计方法与设计思维方法进行研究，根据智能化的水平将设计方法分为三类，分别是传统的设计方法、基于程序的设计方法、基于数据驱动的生成设计方法，帮助设计研究者选择适合的研究路径与评价方式。

因此，根据国内外智能产品设计思维文献的梳理，笔者发现在设计领域，国外学者主要聚焦在智能产品服务系统方面的研究，国内学者更关注人工智能产品的现状、设计方法等。总的来说，国内外面向设计领域的智能产品本体研究与相应的设计思维方面的研究较少。

1.3.2 设计领域具身认知理论的研究现状

目前国内外将认知科学的具身认知理论引入产品设计思维中的研究比较少。在国外的教育领域，引入具身认知理论形成了具身性设计（embodied design），学者们通过研究身体在思维与观念发展中的作用，探寻引导学生学习的方式方法与策略。在设计领域方面，具身认知理论应用到了交互设计、产品设计方面。在交互设计方面，有的学者（Loke and Robertson，2013）对基于移动的交互设计进行了具身路径的探索，有的学者（Tan and Chow，2018）设计了一种方法，可以通过环境媒体的具身交互来创造有意义的体验。在产品设计方面，罗伯特·克罗兹鲍尔（Robert Kreuzbauer）和艾伦·马尔特（Alan J. Malter，2025）关注具身认知理论和知觉符号系统是如何促使产品设计师通过产品设计元素的细微变化来传达关键的知觉特征，从而影响消费者的。部分学者（Lindgaard and Wesselius，2017；Van Rompay and Hekkert，2001）通过具身认知理论研究用户身体经验、产品的材质设计在产品设计中的重要性以及引导创新的方法。

在国内，具身认知理论在设计领域的应用，有产品设计、交互设计、无意识设计等。例如：2016 年张凯和焦阳（2016）合作撰写了《具身认知对产品设计的启迪》；2018 年胡洁斯和李琳（2018）合作发表了《浅析具身认知理论于设计中的应用》；2019 年谭亮（2019a，2019b）对具身交互设计进行了探索；2020 年代福平（2020）聚焦具身认知理论对体验设计思维的影响，以及何灿群和吕晨晨（2020）从具身认知的视角对无意识设计进行了研究等。

焦阳（2016）撰写的硕士论文《具身认知在产品设计中的应用研究》从用户的身体行为入手，对用户身体行为的设计干预，从而提升用户体验。李青峰（2016）撰写了硕士论文《基于具身认知的手持移动终端交互设计研究》，对手持移动终端与身体的关联进行了详细的解析和总结，并据此对该类产品的交互设计提出了一些指导性原则。

综上所述，通过对国内外智能产品设计思维、具身认知理论在设计领域应用现状的文献梳理，笔者发现目前关于智能产品设计思维与方法方面的研究处于刚刚起步阶段；对于具身认知理论在产品设计中的应用有少量研究，对于智能产品设计方面的应用研究较少。因此，本书通过将认知科学中的前沿理论——具身认知理论引入设计学科中，运用具身认知理论并结合现象学、技术哲学等相关理论，对智能产品的智能与其本体进行研究，形成从智能产品的具身性要素、技术认知到具身性模型与设计方法的智能产品设计思维搭建，对未来智能产品设计与设计思维进行了有益的尝试与探索。

1.4 研究理论基础

2006 年，威廉米安・维瑟（Willemien Visser）的《设计的认知产物》（*The Cognitive Artifacts of Designing*）汇总了近三年设计思维领域的研究，对于维瑟来说这是认知的设计研究。在书中，维瑟指出“设计思维是设计师或者设计团体开发设计概念的认知、战略和实践的过程，其中设计概念包括新产品、建筑物以及机器等的提案”（Visser，2006）。由此可见，设计思维是一种认知过程，本书通过将认知科学领域中的前沿理论——具身认知理论引入设计思维中，并结合认知科学中的其他学科理论、技术哲学的相关理论来构建智能产品设计思维与方法。

1.4.1 认知科学的发展阶段

在牛津字典中，认知科学（cognitive science）的定义是“The study of thought，learning，and mental organization，which draws on aspects of psychology，linguistics，philosophy，and computer modelling”，也就是说认知科学是一门研究思想、学习和心理组织的科学，涉及心理学、语言学、哲学和计算机建模。认知科学在牛津字典中的释义反映了认知科学的交叉性，在 1978 年的斯隆报告（Sloan Foundation Report）中给出了被大多数人接受的认知科学的学科结构图（蔡曙山、薛小迪，2016）。这个学科结构图不仅展现了认知科学的学科结构，而且反映了组成认知科学的不同学科间的交叉关系（图 1-4）。图 1-4 显示了认知科学包含的六个子学科领域，有哲学（philosophy）、语言学（linguistics）、人类学（anthropology）、神经科学（neuroscience）、计算机科学（computer science）、心理学（psychology）。这六个子学科领域中的每一个学科，都通过跨学科动态网络同其他子学科联系在一起。图 1-4 中除了六个子学科领域还有 11 条实线和 4 条虚线。每一条实线都代表一门已经明确定义，并且建立起来的专业化跨学科研究领域（认知科学的子域）[①]；每一条虚线展示的是学科之间

---

① 认知科学的子域包括控制论、神经语言学、神经心理学、认知程序类比、计算语言学、心理语言学、心理哲学、语言哲学、人类语言学、认知人类学和大脑的进化。

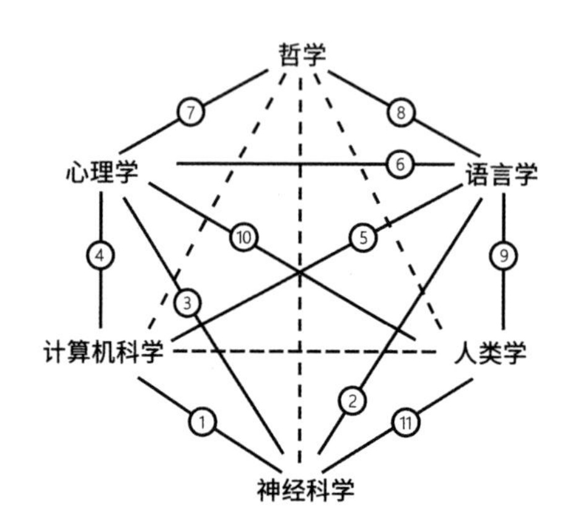

图 1-4　认知科学的学科结构图
资料来源：1978 年的斯隆报告

的联系，展现了一系列新的问题，其中某些已经为人所熟悉并变得越来越重要，但是还没被学界正式认可为专门的研究焦点。

认知科学产生于 20 世纪 50 年代。自那时起，从认知科学层面或者认知实践角度来看，表征—计算主义的研究纲领始终统领着认知科学的研究。从认知哲学或者认知理论层面看，认知科学的研究经历了认知的信息加工理论（information processing cognition）、联结主义（connectionism）和具身认知（embodied cognition）的理论范式变迁。认知的信息加工理论是将人类的认知理解为一种信息加工活动。与之并行的联结主义将认知理解为大脑神经生理系统的某种突现。具身认知理论认为心智和认知不是独立于身体的封闭的活动，它的产生和发展是以身体结构和身体与环境的相互作用为基础的（唐佩佩、叶浩生，2012）。具身认知理论的形成让认知科学由第一代认知科学发展到第二代认知科学，莱考夫和约翰逊在《肉身哲学：具身心智及其对西方思想的挑战》中区分了第一代和第二代认知科学，随后莱考夫总结了其本质特征（表 1-1）。

表 1-1　第一代和第二代认知科学的基本原则比较

第一代认知科学基本原则	第二代认知科学基本原则
1. 心智是符号的且认知过程是算法的；	1. 心智是生物的和神经的，不是符号的；
2. 思维是无身的和抽象的；	2. 思维本质上是具身的；
3. 心智限于有意识的觉知；	3. 大约 95% 的心智是无意识的；
4. 思维是直义的和一致的，因此适合用逻辑来建模。	4. 抽象思维大部分是隐喻的，它们利用了身体的感官运动系统。

因此，本书是将认知科学领域的前沿理论——具身认知理论引入设计学科中，并构建起智能产品设计思维与方法。

1.4.2 embodied 和 embodiment 的概念界定

从 embodied mind 和 embodied cognition 所强调的一般观点来看，embodied 指“心智和认知是和具体的身体密切相关，它们之间存在内在的和本质的关联”（李恒威、盛晓明，2006）。李恒威等（2006：184）认为，“最初的心智和认知是基于身体和涉及身体的，心智始终是具（体）身（体）的心智，而最初的认知则始终与具（体）身（体）结构和活动图式内在关联”。由此，在本书中笔者把 embodied 翻译为“具身的”。

在认知科学几乎所有的领域中，embodiment 是一个非常重要的概念。罗瑞（Tim Rohrer）于 2007 年在“Embodiment and Experientialism”一文中列举了 embodiment 在认知方面被用于 12 种不同的重要理论中。由此，embodiment 因在西学中的使用范围太广泛导致这个术语在中国的译名很混乱。在国内关于该术语的译名有很多讨论，学者已提出多种译名，如体认、寓身、涉身、具身、缘身性、肉身化等（叶浩生，2014）。根据中国知网的数据显示，与“具身”这个译名相关的文献多达 3433 篇文章（图 1-5），是译名里面被使用最多的。

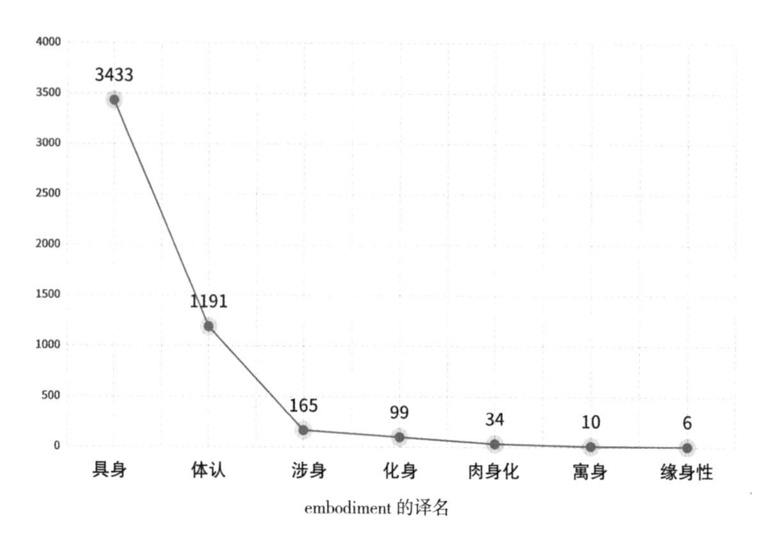

图 1-5　中国知网上与 embodiment 译名主题相关的文献数量对比图

所以，在本书中 embodied 译为“具身的”，embodiment 译为“具身性”，embodied cognition 译为“具身认知理论”。随着认知科学研究的深入，embodied 的内涵已经被极大地扩展和丰富了（盛晓明、李恒威，2007）。

1.5 研究基本思路与框架

1.5.1 研究思路

本书通过将具身认知理论引入产品设计中进行研究，以解决人工智能技术的飞速发展带来的与原有设计思维不匹配的问题。

（1）通过梳理具身认知理论的相关文献，对智能产品与智能现有概念进行系统研究，运用文献分析法与个案研究法，并结合具身人工智能的相关理论，从而形成具身认知理论视角下的智能产品新定义以及基本特征。

（2）通过对用户、智能产品与情境三者之间的认知活动进行研究，探索用户和智能产品的认知活动框架。同时，运用具身认知理论与技术哲学的相关理论，结合个案研究法，对智能产品设计思维的要素进行研究，归纳、总结与探索用户和智能产品的具身性设计要素，并对智能产品的具身性要素之间的关系进行系统研究。

（3）人工智能技术是智能产品实现智能的重要手段。本书从技术哲学的唐・伊德“人与技术的关系”理论入手，探究用户与智能技术的认知关系，进而结合具身认知理论来探索用户认知智能技术的认知机制，从而构建起智能产品设计思维的 TAAB 模型。

（4）在完成智能产品定义、认知活动、具身性设计要素的研究基础上，搭建起智能产品设计四维模型。随后，探索智能产品设计方法，对设计工具与设计流程进行智能时代的新解读，从而形成面向智能产品的设计工具与设计流程。最终，构建起智能产品设计思维与方法的理论体系，并结合虚拟设计项目和设计教学项目进行理论系统的应用，以此来佐证研究结论的可行性，这为智能产品设计提供了新的视角，同时在设计思维上提供了新的思路。

1.5.2 研究框架

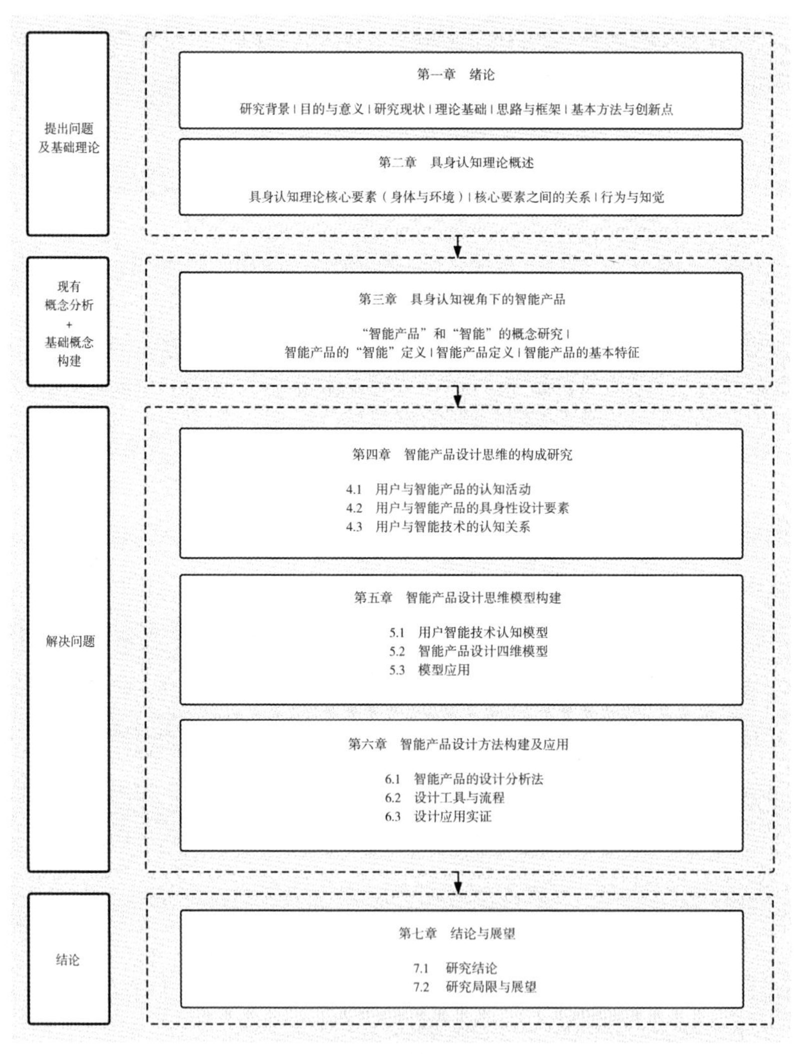

图 1-6　研究基本框架

资料来源：笔者自绘

1.6 研究的基本方法与创新点

1.6.1 研究方法

本书通过将具身认知理论引入设计领域中，并结合具身人工智能与技术哲学的相关理论搭建起智能产品设计思维与方法理论体系。其中采用了文献分析法、个案研究法、扎根理论研究法与通过设计进行研究（Research through design）的方法来进行相应的研究。

（1）文献分析法

运用文献分析法对智能产品设计思维与方法以及具身认知理论在设计领域的应用现状进行资料梳理，并找到课题研究的切入点；随后，对具身认知理论进行文献梳理，并结合具身人工智能与技术哲学的相关理论对其进行分析与归纳，从而找到研究的方向。

（2）个案研究法

通过对日常生活中的智能产品进行个案分析，主要是从时间的维度对智能产品案例进行多角度的数据收集，包括采用的技术、产品的功能、消费者的反馈、社会文化背景等。根据这些资料进行相应的分析与归纳来研究智能产品的基本特征、具身性设计要素与智能技术认知，如苹果公司的智能产品、亚马逊公司的智能音箱、TOTO 公司的智能坐便器等智能产品。除此之外，该方法为智能产品设计思维模型的阐述提供了生动的案例佐证。

（3）扎根理论研究法

运用扎根理论研究法对用户认知智能技术的阶段、影响因素等方面进行探究，并对智能产品设计所包含的维度进行分析与归纳，从而构建起智能产品设计思维模型，进而形成智能产品设计方法。

（4）通过设计进行研究（Research through Design）

Research through Design（RtD）是一种通过利用设计实践的方法和过程来产生新知识的学术研究方法。本研究运用 RtD 对具身地图、TAAB 模型、设计工具以及设计流程的设计等进行辅助研究，通过进行虚拟项目和设计教学项目的设计实践来看其在指导实际设计过程中的作用，并进行优化。

1.6.2 创新点

（1）从具身认知的视角，结合具身人工智能的相关理论对设计领域的“智能产品”和“智能”进行了本体研究，并提出了面向设计领域的智能产品定义。在此基础上，结合技术哲学的相关理论对智能产品设计思维中的认知活动、设计要素与认知关系进行了探究，提出了用户和智能产品的认知活动框架、用户具身十要素、智能产品具身十要素以及用户与智能技术的四种认知关系，为设计师在设计智能产品的过程中提供了新的思考路径。

（2）本书将具身认知理论的前沿理论引入设计学科中，试图搭建起智能产品设计思维理论框架，并从多维度的视角来建立智能产品设计思维的基础模型。同时，对设计工具与设计流程进行了新时代的重新解读，形成了针对智能产品设计的设计方法。这为当下智能产品设计与设计思维中存在的问题提供了理论基础。

第二章　具身认知理论概述

具身认知理论是认知科学中的前沿理论，从 20 世纪 80 年代开始，在认知科学里面可以越来越多地看到具身性（embodiment）概念的身影，越来越多的学者（李恒威、盛晓明，2006：184）从“哲学、心理学、神经科学、机器人学、教育学、认知人类学、语言学”等方面关注具身性与情景性。当然，认知科学本身就是由不同学科构成的，这一点从上一章提到的认知科学的学科结构图就可以看出。因此，具身认知理论产生于不同学科构成的交叉学科中，具身认知理论的构成也就具有了学科交叉性。虽然具身认知理论由不同领域学者们的工作组成，但理论主要是围绕着身体与环境这两个方面展开的。

2.1 具身认知理论的核心要素之一：身体

具身认知理论中最核心的概念，即“什么是身体”。由身体概念的变化带来的身心关系、认知与身体的关系都发生了翻天覆地的变化。

2.1.1 身心关系

具身认知最初源自哲学领域关于身心问题的讨论。关于身心的问题，笛卡尔认为身体与心灵是彼此独立的，由此确立了身心二元论并奠定了近代认知论的理论基础。笛卡尔认为“我思故我在”，“我”是一个不依赖肉体存在的、纯粹的精神实体。身体则是承载心灵的客体。这种二元论的思维也影响着和人有关的科学研究，如在人工智能（artificial intelligence，以下简称 AI）的研究中，AI 受身心二元论的影响，心智与之相对应的是符号表征；身心的分离使得硬件与计算之间是无关的；心智对外面世界的认知，变为外在世界的表征模型（徐献军，2012）。身心二元论不仅影响了人工智能领域的研究，也影响着认知科学。在第一代认知科学中，心智过程是由符号表征的操作构成，认知过程是计算的，并“将认知的边界划在计算机专家为计算所划边界的同一地方，即与世界交界的那些点”（夏皮罗，2014：29）。认知则只发生在脑中，认知科学的研究范围为脑本身，并不考虑脑外的世界。

随后，法国哲学家梅洛－庞蒂对传统的身心关系提出了质疑，主张身心是一体的。他认为，“有生命的身体成了无内部世界的一个外部世界时，主体就成了无外部世界的内部世界”（梅洛－庞蒂，2001：85），主体则是一个无偏向的旁观者。他人的知觉也不可能真的是他人的知觉，其身体成了其他所有物体中的一个物体。他强调“身体在认知过程中的主体作用”，以及“身体是认知的主体，而不是被认知的客体”（唐佩佩、叶浩生，2012：3）。身体由一个作为客体的载体变为主体，大脑则作为身体的一部分。正如梅洛－庞蒂所说，身心的统一并不是绝对的，仍然存在着“一种被结构的整合包纳在内的辩证的二元性”（张尧均，2006：33）。

由此，结合认知科学三种理论范式的变迁，笔者绘制了身心关系变化图（图 2-1）。在图 2-1 中，实线圆形代表着心智，灰色虚线圆形代表着身体。在认知主义阶段心智与身体是独立与分离的，到了联结主义阶段心智与身体开始有交集，发展到具身认知理论阶段的时候身心变为一体的。

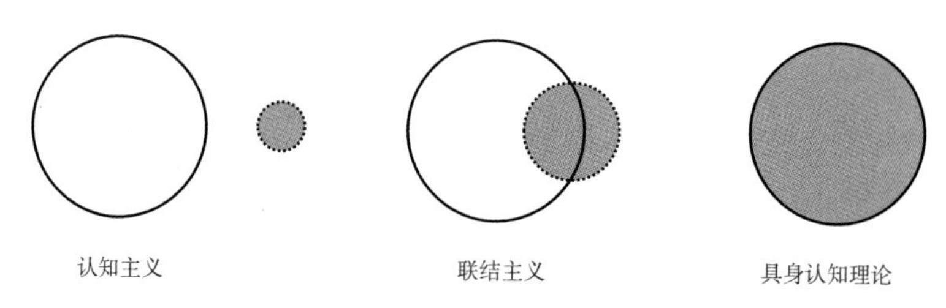

图 2-1　认知科学不同理论范式的身心关系变化图
图片来源：笔者自绘

2.1.2 认知主体的身体

尽管笛卡尔的身心二元论受到质疑与批判，但身心分离与对立的概念在人们的思想中依然根深蒂固。梅洛－庞蒂反对身心二元论，提出了一个“具身的主体性”的概念（韩冬、叶浩生，2013），强调人类是以身体为中介来认识世界的，并通过身体与世界紧密地联系在一起。认知并不是一个纯粹内在发生且独立进行的事件，认知也不是“建立在惰性物体的机械活动之上”（李恒威和黄华新，2006：36），认知产生于身体与环境的相互作用中。身体的主体性正是在身体与世界互动的过程中形成的，身体即作为“身体主体”（body-subject）。身体是具有感知运动能力的身体，身体的生物结构决定了人类认知世界的方式，如人类不具有鸟类一样的生物结构，因此也不具有鸟类对世界的认知。同样，心智原本就是具身的，人类所做所想的一切是具身的心智所允许人类行动与思考的。

关于身体，梅洛－庞蒂看到了身体在经验过程中的暧昧性，身体既是能感觉的，也是敏感的，如左手触摸右手，左手通过触摸能感觉到右手的存在，右手则能敏感地感知到是左手的触摸，而且这两种感觉同时存在于同一个身体中。这两种感觉并不能完全分离开，具有某种含混性。由此，身体既是被动的，也是主动的。梅洛－庞蒂主张身体分为客观身体和现象身体。客观身体是指生物层面的身体，现象身体是指社会文化中所经验的身体（唐佩佩、叶浩生，2012）。在具身认知理论的纲领性文献《具身心智：认知科学和人类经验》中，瓦雷拉（Varela）、汤普森（Thompson）和罗施（Rosch）与梅洛－庞蒂的观点一致，他们认为：

> 我们把我们的身体既视为物理结构也视为活生生的经验的结构——简言之，既作为“外在的”也作为“内在的”，既作为生物学的也作为现象学的。显然，这种具身性的双重性并不是彼此对立的。相反，我们不断地在此两者之间穿梭往复……对于梅洛－庞蒂而言，如同对我们一样，具身性有着双重意义：它既包含身体作为活生生的、经验的结构，也包含身体作为认知机制的环境或语境（瓦雷拉、汤普森、罗施，2010：XⅦ）。

由此，这里的“身体”已不是一般意义上的物理结构的身体，而是可以与环境进行互动及完成各种“意象图式”，并在社会文化中所经验的活生生的身体。身体是人类认识与理解世界的媒介，作为认知主体的身体在与环境相互作用的过程中形成认知。

2.2 具身认知理论的核心要素之二：环境

认知不仅是基于身体的，而且是产生于身体与环境相互作用的过程中的。因为人类不是真空地存在于世，人类从出生开始就已经生活在环境中。由此，人类最初的知觉活动，事实上已是一种适应环境的意向性活动。智能体在环境中生存，在生存的过程中智能体与环境进行相互作用，认知就产生于这样的环境中。“认知、知识和智能的发展是源于智能体—环境的相互作用、相互调节和适应。”（盛晓明、李恒威，2007：806）

2.2.1 社会—文化的情境

瓦雷拉、汤普森和罗施（2010：139）认为，人类所“具有各种感知运动能力的身体自身内含在（embedded）一个更广泛的生物、心理和文化的情境中”。在自然环境中，并不是只有人生存在其中，还有其他的生命体与人类共同生存在同一环境中。由此，人类所处的情境既是自然的，也是生物的。

人类是创造了文化的社会生物。在人类生活的环境中，除了自然的环境，还充斥着前人积淀的文化以及文化物质。心理学家李夫·维果斯基（Lev Semenovich Vygotsky）认为应该从历史的角度来看待认知或心理的发展，而不是在社会环境之外以抽象的视角来理解（盛晓明、李恒威，2007）。因为处于现代文明社会的人类，其个体的认知行为是在物种演化和人类社会文化的共同影响下的结果。从物种演化的角度来看，种系演化和人类社会文化是相继出现的；从个体发育的角度来看，人类在完成生物方面成长的同时，在社会—文化的情境中也逐渐形成个体的社会—文化的认同或身份，并形成具有社会—文化烙印的行为系统。人类的心理则是在人类相互交往的过程中发展的。在社会—文化情境中，高级的心理活动形式首先以外部形式的活动而形成，而后得以内化为在头脑中的内部活动。因此，情境是心理的、社会—文化的。

在社会—文化的情境中，事实上还存在历史的维度，情境不是静止的，而是动态发展的。在这样的情境中，个体分享着包括历史在内的，在共同实践基础上形成的基本价值和知识。动态发展的社会—文化情境对个体所具有的适应能力与认知能力的要求是不同的，如目前正处于第四次工业革命的开始阶段，人们对智能产品认知能力的要求是不同于之前任何一个时代的。

所以，身体所处的情境是自然、生物、心理和社会—文化的情境，并且是动态发展的。认知就发生于人类构造的实践共同体中，认知是情境的。

2.2.2 环境与知觉的关系

在詹姆斯·吉布森（James Jerome Gibson）的知觉生态理论中，他强调有机体与环境的关系对于理解知觉的重要性。在特定种类的环境中，有机体进行演化，并对环境中的某些特征作出相应的反应。由于不同的有机体在演化的进程中被植入了不同的目标，有机体对于相似的特征会以不同的方式做出反应，“它们的知觉装置被调谐以便恢复特定于它们环境的信息”（夏皮罗，2014：111）。正如有机体的生态位[①]的概念，尽管不同物种生活在同一环境中，但物种仅适应了与它们生存相关的环境属性，相当于同一环境中不同物种生活在不同的生态位中，如地面上的草可以供给马食物，而草旁边的花则供给蜜蜂食物。因此，知觉活动的形成依赖于有机体所处的环境（孟伟，2020）。

此外，吉布森提出“可供性”（affordance）概念来表达在知觉的过程中，生物的身体与环境之间的交互作用（孟伟，2020）。吉布森认为有机体可以知觉处于环境中物体的可供性，物体所供给的东西则依赖于有机体的需求与属性，比如树枝提供给了鸟类休息的地方，但长颈鹿则不能在树枝上休息，这是由长颈鹿的身体决定的；婴儿使用的婴儿床，成人则不会去使用，这是因为小巧的婴儿床无法容纳成人的身躯，成人知觉不到婴儿床可以进行休息的可供性。

综上所述，认知依赖于情境，身体所处的环境是自然、生物、心理与社会—文化的情境，且动态变化的情境存在历史的维度。此外，人类所处的环境影响着人类的知觉形成。

---

① 生态位，又称小生境、生态区位、生态栖息或是生态龛位，生态位是一个物种所处的环境及其本身生活习性的总称。每个物种都有自己独特的生态位，以此和其他物种做出区别。生态位包括该物种觅食的地点，食物的种类和大小，还有其每日的和季节性的生物节律。

2.3 核心要素之间的关系

2.3.1 身体与世界的统一性

人类所处的环境，无论是自然世界还是社会世界，都是被感知的世界。即使是人迹罕至的沙漠，也至少拥有一个目击者。当我们对沙漠进行想象时，也是当我们进行“感知它的心理体验时，我们就是这个目击者”（梅洛－庞蒂，2001：405）。由此，世界总是人们感知的世界。

人们所感知的世界是统一的。处在世界中的人们，对物体并不需要面面俱到地了解，即可确认是某个物体，比如人们仅看到椅子的一个面即可确定是一把椅子。同样，当个人使用的物品被挪动了位置，即使人们想不起来是哪个物品被挪动，但人们依然感觉到了物品的移动。此外，在人的一生中，各种各样的认识随时在变化，但因为世界是永恒的存在，世界还是同一个世界。人对世界认识的修正并不会影响世界的统一性（张尧均，2004）。“世界的明证使我的运动通过显现和错误到达真实”。（梅洛－庞蒂，2001：415）因此，物体与人共同处在世界的统一性之中。“世界的统一性是由我们的知觉信念所产生的”，世界的统一性也反映了人们自身以及与世界的统一性（张尧均，2006：41）。

梅洛－庞蒂认为人是在物体的统一性中理解人身体的统一性的。对于一把椅子，无论是用人的眼睛去看，还是用手去触摸，尽管感知器官的不同带来感觉的差异，但眼睛和手都可以感知椅子，这两种感觉在人的身体中形成一个统一的概念——“同一把椅子”。同样，不同的人对于“这是一把椅子”有着共同的认识，个体和个体之间就具有一种共同的可交流的意义，这正是一个社会文化世界形成的基础（张尧均，2006）。

因此，身体与世界存在着一种不可分离的关系，“内部世界和外部世界是不可分离的。世界就在里面，我就在我的外面”，正如梅洛－庞蒂所说，“身体是我们拥有一个世界的一般方式”（梅洛－庞蒂，2001：194）。

2.3.2 身体、环境与认知之间的关系

传统认知观认为认知是表征计算的，瓦雷拉等人对此提出疑问，并在被视为具身认知理论原典的《具身心智》（2010：139）中提出，认知是具身行动的观点：

> 使用具身这个词，我们意在突出两点：第一，认知依赖于经验的种类，这些经验来自具有各种感知运动的身体；第二，这些具有各种感知运动能力的身体自身内含在（embedded）一个更广泛的生物、心理和文化的情境中。

这段文字描述展现了认知、身体与环境三者之间的关系。首先，人的认知依赖于身体的经验。这个身体是生物学层面的身体，具有物理结构、感官和运动能力的身体。经验则源于这样的身体。其次，身体本身又内含在一个更加广泛的自然、生物、心理和文化的情境中，自然情境是人类与其他生物赖以生存的基础。在自然情境中，除了人类还有其他生物在同一

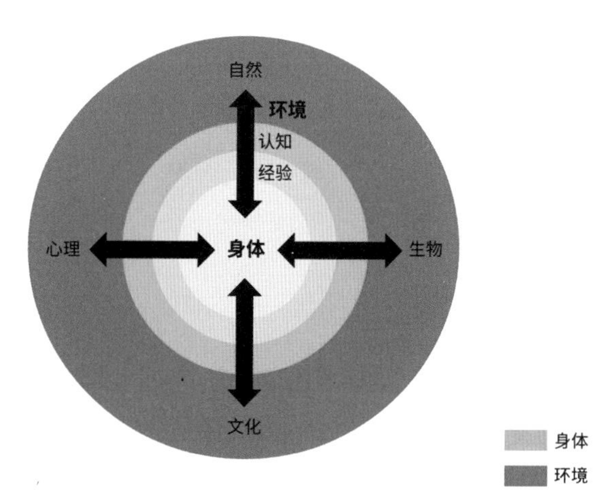

图 2-2　具身认知理论中认知、身体与环境的关系
资料来源：笔者自绘

个情境中生存。除此之外，人类与其他生物都处在物种演化的进程中，由此组成了生物情境。心理和文化的情境是因人的存在而存在的。在更加广泛的情境中，个体与个体之间通过身体分享着共同的知觉，分享关于世界的观念。然而生物进化和社会文化的情境约束着人如何构想这个世界。因此，认知与身体、身体与环境彼此之间蕴含着一种结构，笔者在瓦雷拉等人的理论基础上绘制了三者关系图（见图 2-2）。

瓦雷拉等人认为，身体与环境并不是对立关系，而是“经结构耦合（structural coupling）处在一个彼此规定、彼此约束的共变（coevolutionary）系统中”（李恒威，2010：180）。正如冯·盖尔德（Tim van Gelder）所说，神经系统、身体和环境都在动态地变化着，并彼此影响。认知主体、环境与认知正是在这样复杂的动力系统中生成的。认知不再是符号表征的，而是引导行动的。“有机体和环境在基本循环中彼此包进（enfold）又彼此展开（unfold），而这个循环就是生命本身”（瓦雷拉、汤普森、罗施，2010：175）。

2.4 具身认知理论的行为与知觉

“行为”和“知觉”是身体的两种最基本的活动，事实上它们常常紧密地联系在一起。

2.4.1 行为的结构

梅洛－庞蒂认为，“行为是一种形式”（梅洛－庞蒂，2001：162），即行为对环境是一种敞开的状态。当行为出现时，“环境不再是由各种并置部分组成的自在存在，而成了一个富有意义的情景场”（张尧均，2006：15）。行为将有机体和环境共同纳入一个相互作用的结构化过程。行为的过程包括刺激与反应。在面对环境变化时，很难说刺激与反应哪一个先开始。如果刺激没有出现，有机体并不会注意某个刺激；但是有机体如果不是嵌入在环境中，身体的感知向环境敞开，由被环境调谐的具有运动感知能力的身体选择环境中的刺激，刺激则不会对有机体产生作用与意义。因此，“行为是全部刺激的首要原因”，在行为的结构中刺激与反应被内在地连接起来。

行为作为一种结构，被梅洛－庞蒂（2010）划分为三种形式的行为，包括混沌形式、可变动的形式和象征形式。混沌形式的行为近似本能性的反应活动，行为被束缚在其自然条件的范围之内。在可变动形式的行为中，行为具有相对的独立性，有机体把这种结构运用到相似的情境中，使得学习成为可能。象征形式的行为是人类独有的一种行为，人类可以对于同一主题不断变化进行多视角的表达，如人类能把其身体看作一种对象或目标，这是一种反身的能力。正是这种视角的多样性“引进了一种认知的行为和一种自由的行为”（王子铭，2007：328），从而让人类可以应对环境的千变万化。

2.4.2 知觉的理解

梅洛－庞蒂认为想要理解知觉，就需要参与知觉，回到实际的知觉体验中。梅洛－庞蒂认为“在背景上的图形是我们能够获得的最简单的感觉材料”（梅洛－庞蒂，2001：24），且“一个绝对均匀的平面不能提供任何可感知的东西，不能呈现任何一种知觉”（梅洛－庞蒂，2001：24）。只有通过实际知觉的结构才能知道什么是感知。图形—背景的知觉结构表明，觉知到的“某物”总是通过处于其他物体中间而被感知，“某物”始终处于“场”中，是“场”的一部分。这就是梅洛－庞蒂的现象场，也称知觉场或呈现场。作为整体的图形—背景结构是在人的知觉中如此显现的，只有相对于人才有意义。此外，身体是处于环境中的。从空间性来看身体，梅洛－庞蒂（2001：138-139）认为：

> 身体本身是图形和背景结构中的一个始终不言而喻的第三项，任何图形都是在外部空间和身体空间的双重界域上显现的。

梅洛－庞蒂认为知觉体验的准确表达应该是“人们在我身上感知，而不是我在感知”（梅洛－庞蒂，2001：276）。这里的“人们”指的是一种匿名的、前个人的界域。这个匿名的界域中蕴含着个体、社会与文化的历史积淀，进而这种积淀推动着人的感知。

2.4.3 知觉与行为的关系

知觉的认知主义理论认为知觉的刺激是匮乏的，知觉被构想为推理的过程。然而，具身认知理论的早期倡导者詹姆斯·吉布森（James Jerome Gibson）认为身体觉知到的刺激并不匮乏，刺激已经带有丰富的信息：

> 有机体周围可利用的刺激具有结构，它既是同时的也是连续的，并且这一结构取决于外部环境的来源……脑免除了通过任何过程构建这种信息的必要性……取而代之的假定是：脑构建了来自感觉神经输入的信息，我们可以假定神经系统的中心（包括脑）与信息产生共鸣。（夏皮罗，2014：34）

根据吉布森的观点，环境中的信息通常并不会“走”向人，而是必须由人主动去猎取。知觉系统则包括为了实现猎取信息的各种感官与行动：

> 每一个知觉系统都以一种适当的方式定向自己以便采集环境信息，并依靠全身的一般定向系统。头的运动、耳的运动、手的运动、鼻和嘴的运动以及眼的运动是知觉系统不可或缺的一部分……它们充当在声音、机械接触、化学接触以及光中可得到的信息。（夏皮罗，2014）

在前面讲到的吉布森的可供性概念，是指个体觉知到客体内容是由客体给个体提供的行为机会与可能性。这种行为机会与可能性和相应的行为发生之间存在共生状态，进而又影响着个体对客体的知觉。可供性揭示了动物与环境之间的互补状态（孟伟，2020）。

因此，知觉既不是推理过程，也不只是人内在的心理转换，它是一个通过“知觉—行为”的不断循环来完成的系统事件。在“知觉—行为”的循环中，行为是由知觉引导的行为，而知觉是导向行动的知觉，有机体的知觉制约了其行为，而有机体的行为限制了其所能知觉的事物（李恒威、黄华新，2006）。出自循环的感知运动模式的认知结构使行动可以被知觉地引导（李恒威，2010），正如瓦雷拉等人所说（2010：139），“知觉与行为的关系从本质上在活生生的认知中是不可分离的”。

第三章 具身认知视角下的智能产品

3.1 智能产品的概念研究

“智能产品”并不是一个全新的词汇。虽然关于智能产品已有一些定义，但是尚未有一个被普遍接受并达成共识的智能产品定义。本研究对现有的文献进行分析，发现在不同的研究领域，智能产品的定义是不一样的。

3.1.1 国外智能产品的相关概念研究

国外对于智能产品的研究起步较早，主要集中在制造业和工程领域。面向制造业，2003年邓肯·麦克法兰（Duncan McFarlane）等学者（2003）把智能产品（intelligent products）定义为物理的、基于信息表示的产品，还有学者（Meyer，Främling and Holmström，2009）把这个概念主要用来描述射频识别技术（radio frequency identification，RFID）在制造和供应链中的应用。与此同时，米科·科卡宁（Mikko Kärkkäinen）等学者（2003）认为智能产品的基本理念是由内到外控制供应链上的交付物和处在生命周期中的产品。随后在2007年，奥利·文塔（Olli Ventä，2007）从产品的运行和维护的视角对具有智能的产品和系统进行定义。

在制造、供应链和资产管理等领域中，上述学者提出了“智能产品”不同的定义与特性。这是在探索RFID等信息技术的应用如何改善生产计划与控制、提高货物收发与改变在运输途中货物路线的效率以及安全性、提高资产使用效率并使资产的服务和维护更加有效（Meyer et al.，2009），并通过“智能产品”概念的引入来对制造领域中的产品进行更高效的管理与决策（见表3-1）。

表 3–1 “Intelligent Products”的概念比较

作者 / 时间	智能产品定义	智能产品特性	目标
邓肯·麦克法兰等 /2003 年	产品的一种物理的、基于信息的表示。	1. 具有唯一的标识，能够与其环境有效沟通； 2. 可以保留或者存储关于自身的数据； 3. 部署一种语言来显示其特征、生产需求等； 4. 能够参与或者做出与自身命运相关的决策。	如何通过 RFID 等信息技术对制造和供应链中的产品进行管理。
米科·科卡宁等 /2003 年		1. 拥有全球唯一标识符； 2. 连接产品信息源可以通过跨越组织边界，或者被包含在标识符本身中，或者通过某些查询机制； 3. 可以在需要时（甚至是主动地）与信息系统和用户交流需要它们做什么。	
奥利·文塔 /2007 年		1. 持续监控其状况和环境； 2. 对环境状况和操作状况作出反应并适应； 3. 在多变的以及特殊的情况中都能保持最佳性能； 4. 与用户、环境或者其他产品和系统积极地交流。	在运行和维护的过程中，产品如何进行决策。

在工程领域中，智能产品的一些定义集中在智能产品的某些方面和应用领域，并使用 smart products 作为“智能产品”的英文。在 2005 年，格伦·阿尔门丁格尔（Glen Allmendinger）和拉尔夫·隆布雷利亚（Ralph Lombreglia）（2005）从商业的视角来研究产品的智能概念，他们认为智能服务是从根本上先发制人的，提供这样的服务需要在产品本身中建立智能，即感知和连接。随后面对传感器技术的创新，产品越来越需要智能地适应客户需求和在使用情景中的变化，沃尔夫冈·马斯（Wolfgang Maass）等认为智能产品是具有数字表示的产品，能够适应各种情况和消费者（Maass and Varshney，2008），并且提出了三个核心要求：（R1）适应情景语境；（R2）适应与产品或产品包进行互动的行动者；（R3）适应基础业务约束（Maass & Janzen，2007）。在核心要求的基础上，他们提出了智能产品具有六个一般维度（Maass & Janzen，2007）：

1. 情境性：对情景和小区语境的识别（R1）；

2. 个性化：根据买方与消费者的需求和喜好来定制产品（R2）；

3. 适应性：根据买方与消费者的反应和任务来改变产品性能（R2）；

4. 主动性：对用户的计划和意图的预期（R2）；

5. 商业意识：考虑商业和法律限制（R3）；

6. 联网能力：与其他产品交流和捆绑的能力（R3）。

在 2008 年，马克斯·穆尔豪斯（Max Mühlhäuser，2008）认为简单性和开放性是与智能产品相关的两个关键要求。简单性可以大大改善产品与用户（p2u）的交互，通过简化产品的特征来提高产品的智能，使其成为人类可以更充分交互的伙伴；开放性则能够改善产品与产品（p2p）之间的交互。为了改善 p2u 和 p2p 的交互，穆尔豪斯提出了智能产品的定义，见附录 1。在 2009 年，智能产品联盟[①] 主张只把有形的物体看作智能产品，例如实体产品，而不是软件或服务这样的虚拟产品。智能产品联盟在穆尔豪斯提出的定义的基础上做了修改，因为这个智能产品研究项目的目标是提供一种行业适用、跨越生命周期的方法，并提供工具和平台来支持智能产品的构建（Sabou et al.，2009）。由此，智能产品联盟提出了“智能产品”的定义如下：

智能产品是一个自主的对象，它被设计为在其生命周期的过程中自发地嵌入不同环境中，并且可以进行产品与人之间自然的交互。智能产品能够通过使用对环境的感知能力、输入和输出能力来主动接近用户，从而具有自我感知、情境感知和上下文感知。相关的知识和功能可以共享与分布在多个智能产品中，并且随着时间的推移而涌现。（Sabou et al.，2009：138）

在 2012 年“智能产品”欧盟研究项目结束后，他们认为智能产品的概念是：

智能产品是真实世界的物体、设备或软件服务，捆绑着关于自身及其能力的主动或

① 智能产品联盟（Smart Products consortium）：是在欧盟资助的“智能产品的前瞻性知识”研究项目的基础上建立的。该项目从 2009 年 2 月开始到 2012 年 1 月结束。https://www.informatik.tu-darmstadt.de/telekooperation/research_2/completed_projects/smart_products/index.en.jsp。

反思性知识，并使与人类和环境自主交互的新方式成为可能。

斯坦福大学的智能产品设计实验室（Smart Product Design Lab）则认为智能产品是通过嵌入式微处理器来增加功能的产品。因此，在智能产品工程领域中，不同的学者根据其目标从商业和技术的角度来阐述"智能产品"的定义与特性（见附录1）。尽管学者们提出"智能产品"概念的目标有所不同，但事实上大目标是相同的：试图在新的研究领域中建立"智能产品"的概念以解决来自经济学、计算机科学等遇到的问题。

综观现有文献，不同的学者使用intelligent products或者smart products来描述智能产品的概念。格本·迈耶（Gerben G. Meyer）等（2009）认为在智能产品领域中，intelligent products和smart products是可以互换使用的概念。塞萨尔·古铁雷斯（César Gutiérrez）等（2013）认为，在软件和系统工程领域中智能产品达成一致的定义是可能的。他们创建的模型包含了不同学者对于智能产品（intelligent products和smart products）的定义、特性以及定义应用的语境，并将这个模型作为在实践中"智能产品"概念的一个本体。

由此，根据上述文献可以看出，无论是面向制造或者工程领域，还是intelligent products或者smart products，智能产品的概念多是通过信息、通信技术等先进技术与产品融合，并围绕着特定领域而形成，从而塑造了智能产品的智能内容、行为与特性。这些智能产品的概念虽然拓展了传统的产品观念（Bloch，1995），但主要聚焦在技术应用上，形成了与以往完全不同的"智能"。

3.1.2 国内智能产品的相关概念研究

在《现代汉语词典》第7版中，对于"智能产品"并没有专门的词条，但可以通过其他相关词条释义来看智能产品概念的阐述。"智能产品"中的"智能"是形容词，根据词典，智能产品指的是"经高科技处理、具有人的某些智慧和能力的"产品（中国社会科学院语言研究所词典编辑室，2016：1692）。这是面向生活的"智能产品"概念。在面向设计领域，崔天剑等在 2010 年从信息加工的角度提出智能时代的产品概念：

智能时代的产品可以对外部信息进行自动接收、认知加工、分类处理，以一种具有部分人类“智力”的机器实体参与人类生活中，自觉从事更为复杂的工作（崔天剑、徐碧珺、沈征，2010：32）。

在物联网的环境下，杨楠和李世国在崔天剑等提出的概念基础上认为“智能产品的特征是具有敏锐的感知能力、智能的处理能力和自然的交互方式”（杨楠、李世国，2014：55）。在设计领域的交互设计方面，有些学者参照玛丽·克罗宁（Mary J. Cronin）面向智能产品和服务的控制策略的研究（Cronin，2010），认为智能产品是“联网的消费产品，嵌入了微处理器和软件程序，从而实现管理各种方面的产品功能”（王瑞，2019：30；易军、汪默，2018：107）。在面向智能产品的老年人群体，黄群等认为智能产品是在产品中嵌入微处理和计算机技术等之后能“遵循人类行为及思维逻辑，并进行一定判断的新型电子产品”（黄群、钟煜岚，2018：76）。在人本人工智能背景下，孙凌云和张于扬等提出智能产品应具有类似人的智能，可以对环境与用户需求的变化进行更自然灵活的响应（孙凌云等，2020）。他们认为 HAI 产品是在满足传统人工智能产品功能与商业要求的基础上，从以人为本的角度来思考用户的体验和设计伦理方面的问题，并从三元空间（人类空间、物理空间、信息空间）来考虑智能产品人机交互方面的问题。在设计领域，对于智能产品的概念阐述并不多，上述观点主要突出了智能产品产生智能的方式，无论是对信息的加工处理还是技术的嵌入，从而使产品具有人类的某种智能。虽然有些概念还聚焦在了智能产品的特性与交互方式上，但对于智能产品本体的关注与研究较少。

在智能制造领域中，黄培提出智能产品“具有记忆、感知、计算和传输功能”（黄培，2016：8）。随后，杜孟新、方毅芳等学者（2017；2018）认为智能产品是可以实现预期产品功能，并具有一项或者多项智能特性的装置、设备或终端。在 2018 年，谭建荣等学者（2018）

认为智能产品与装备是AI技术与产品装备的结合，从而使其具有感知、分析、决策和控制的特点。上述学者的观点主要是从各种先进技术的应用出发，关注智能产品所具有的功能与特性。这是因为在智能制造中，重点在于应用前沿技术，提高生产、制造与管理的效率。然而产品承载着智能制造技术，产品的功能与特性直接影响着智能制造的发展，进而影响新的商业模式形成。

综上所述，国内外关于“智能产品”概念的描述主要集中在智能产品的如下三个方面：

（1）智能的产生：产生智能的方式及其组成成分；

（2）智能的表现形式：智能内容、特性、功能与行为；

（3）交互方式：与人类和环境的交互方式。

虽然这三个方面都是信息、通信、AI等技术应用在智能产品中所带来与以往传统产品不同的地方，但是概念的内核仍然是以技术作为主导，并关注智能产品的智能与交互方面，对于智能产品的本体研究较少。因此，笔者从智能产品的本体出发，对面向设计领域的智能产品定义进行阐述。

3.2 具身认知视角的智能解读

在对智能产品的定义进行论述之前，需要先了解智能产品中的“智能”到底是什么。从字面上看，智能产品与传统产品的区别在于“智能”二字。在上一节中，不同学者关于“智能产品”的概念很大程度上是在描述智能产品中“智能”方面的内容，学者们试图阐述智能产品中的“智能”是怎样的。综观学者们的概念，可以看出智能产品的概念较难统一的原因之一是对于“智能”的概念并没有形成共识。

3.2.1 关于智能的现有认知

对于“智能是什么”，从不同的角度来看有着不一样的诠释。在《现代汉语词典》第7版中，智能指的是“智慧和能力”（中国社会科学院语言研究所词典编辑室，2016：1692）。在《牛津高阶英语词典》第 10 版（*Oxford Advanced Learner's Dictionary*）中，智能（intelligence）是指一种用逻辑的方式来学习、理解与思考事物的能力和把一件事情做好的能力。这是国内外在生活层面对于人类的“智能”概念释义。在 2018 年发布的国家标准 GB/T28219—2018《智能家用电器通用技术要求》（2018：1）中，“智能”指的是“具有人类或类似人类智慧特征的能力”[①]。这是面向技术方面对于“智能”的理解。在研究层面，杜孟新等在智能制造领域中，认为智能是指器件、设备与终端对“客观事物进行合理分析、判断及有目的地行动和有效地处理周围环境事宜的综合能力”（杜孟新等，2017：39），这是从智能产品的菜单出发来对“智能”进行定义的。在研究如何再现人类水平智能的人工智能领域中，传统 AI 的研究认为智能是“逻辑和数学这类高级的抽象的理性能力”（盛晓明、李恒威，2007：808-809），但在 20 世纪 70、80 年代，AI 的发展遭遇到了挫折。为了解决传统 AI 所遇到的难题，具身 AI 应时而生。具身 AI 认为智能不再只是一种在物理符号系统中通过遵循各种运算法则的符号操作，它需要肉体身体的介入（何静，2007）。

---

① 在该标准中，人类或类似人类的智慧特征，表现为在实现某个目的的过程中，总会经历一个或多个的感知、决策、执行的过程或过程循环，并在其中通过不断学习，提高自身实现目的的能力和实现目的的效率；该标准认为，在体现人类或类似人类的智慧特征上，感知、决策、执行和在其中的学习等各项能力和过程具有不可或缺性。

因此，无论是面向生活层面人类的“智能”概念，还是面向研究层面智能产品与传统 AI 的“智能”，这些概念大部分认为智能是高级的、抽象的理性能力，然而具身 AI 主张“智能是具身的，智能是在智能体与环境互动时凸现出来的”（徐献军，2012：44−45），其实具身 AI 拓宽了“智能”概念的边界，“智能”不再仅仅是无形的能力，而是在通过身体与环境进行交互的过程中产生。尽管在此前关于“智能产品”的概念中有学者聚焦于智能产品产生智能的方式及组成成分，但也多是从以表征为核心的传统 AI 视角去阐述“智能”的相关概念。对于面向设计领域的智能产品而言，现有“智能”的概念较少直接地讲述“智能”本体概念，多是描述“智能”的表现。所以，笔者从受具身认知理论影响的具身 AI 出发来阐述智能产品的“智能”概念。

3.2.2 智能产品的“智能”定义

前沿的智能化技术[①]（以下简称“智能技术”）对于智能产品来说非常重要，但技术仅仅是用来支撑或者实现“智能”的手段，智能产品的“智能”是需要一个身体的，“智能以具身为基础”（徐献军，2012：45）；同时“智能”并不是真空的存在，根据具身 AI 的思想，“智能”产生于身体与所处环境的互动过程中，“智能”是处于情境中的智能；并且“智能”是通过不断累积而形成的。

3.2.2.1 具身的智能

人工智能专家布鲁克斯（Rodney Brooks）于 1986 年提出“智能是具身化和情境化的”（徐献军，2012：43）。智能体是需要身体的，布鲁克斯认为“只有具身的智能体才能完全成为能够应付真实世界的智能体”（徐献军，2012：44）。换句话说，智能体通过身体与

① **智能化技术：使产品或事物具备人类或类似人类智慧特征的技术或技术解决方案，也可称为“人工智能技术”“人工智慧技术”等。**

世界的互动来突现和进化出智能。具身性是任何一种智能的先决条件（Pfeifer and Bongard，2006）。智能产品的智能亦不例外，智能需要拥有身体，通过产品的身体来与用户和环境进行交互。因此，智能产品的智能是具身的。

3.2.2.2 情境的智能

布鲁克斯认为从工程角度来看，建造智能体[①]需要满足情境要求（Brooks，1991）：一个智能体必须及时恰当地应对动态环境的变化；一个智能体应该在面对所处环境时保持其稳健性，随着环境变化得越来越多时，智能体的能力在逐渐变化，而不是环境的微小改变就会让智能体的行为完全崩溃；一个智能体应该能够维持多个目标，并根据其所处的环境改变智能体正在积极寻求的特定目标，由此智能体既能适应周围的环境，又能利用偶然的环境情况。从本质上来说，智能产品就是一种智能体，环境不仅是智能产品的认知对象，也影响着智能产品的“智能”构建。例如：手机屏幕显示一般是静态的，除非是人为调整或者手机出现故障，但人们使用手机时所处环境并不是一成不变的。由此，苹果研发了原彩显示技术，最早在2016年应用在iPad Pro上，这个技术使得iPad屏幕显示可以根据产品周围环境光线自动调整，以保持屏幕色彩在不同环境下显示一致，让用户在使用iPad时屏幕观感与环境更和谐（见图3-1）。因为同样颜色的物体在不同光源下呈现的颜色是有差别的，比如同样的一张白纸在暖色光源下看纸的颜色并不是纯白色而是偏黄色，在冷色光源下看纸的颜色则是纯白略微偏蓝色，所以，原彩显示技术就是通过检测产品所处环境的色温来动态调整屏幕色温，达到屏幕显示与环境光线相一致的状态，让用户在虚拟环境中感受来自真实环境的视觉效果。这个技术在2017年开始广泛应用到iPhone系列手机中，苹果手机作为一种智能产品，通过不断地认知手机周围环境状态，来构建手机自身屏幕显示状态并带给用户观看真实世界的视觉感受。

因此，智能产品的智能是情境化的，智能是在产品的身体与环境的交互过程中涌现出

① 笔者把“Intelligence without Representation”文章中的creatures译为智能体。

图 3–1 iPad 屏幕的原彩显示功能示意图

资料来源：苹果官网

来的。正如布鲁克斯的主张：把世界作为智能体自身的模型（the world as its own model）（Brooks，1991）。

3.2.2.3 累积的智能

从种系演化和个体发育的两个时间尺度来看，人类的智能不是突然间达到高级的、抽象的水平。生物体是不断进化的，其认知能力也是不断提高的。具身 AI 认为高级的智能是通过不断演化的累积，由低级水平的智能发展过来的，而不是通过理性设计而来的（盛晓明、李恒威，2007）。例如：在人类个体发育过程中，儿童并不是一出生就会说话，在语言智力发展之前，儿童有一个非语言的智力时期。对于智能产品来说也是如此，虽然 iPhone 手机的 Face ID[①] 可以自动适应用户面部发生的变化，比如用户化妆、佩戴不同的框架眼镜与隐形眼

① Face ID：苹果公司设计和发布的人脸识别系统，在 iPhone X 中首次应用。

镜、围巾、帽子等。但是 Face ID 并不是一开始就可以识别出用户不同的面部状态的。因为用户在首次使用 Face ID 时，手机对于用户的面部了解仅限于用户初次录入的面部数据。随着用户不断地使用手机，Face ID 不断更新用户数据，手机对于用户面部变化的认知不断提高，从而可以快速识别处于不同环境、具有不同面部状态的用户，用户则会感到智能手机好像越来越“懂”自己。智能手机对于用户面部变化了解不断加深的过程也是手机智能的累积过程。

人类的智能不仅经历了漫长的生物进化，同时智能也在社会文化中被发展与建构。人类所处的环境其实充满着先辈们的文化以及与文化相关的物化成果，在这样的环境中人类的认知形成必然有一个内在的历史维度（韩冬、叶浩生，2013）。皮亚杰（J. Piaget）认为，认知是“复杂有机体之于复杂环境的一种具体的生物适应形式，人类的高级智能是生物适应性行为的延伸”（李恒威、黄华新，2006：35）。由此，人类的智能形成亦受到社会文化的影响。随着智能产品逐步成为人们生活中不可或缺的一部分，智能产品影响并改变着人们的生活，文化社会又影响着智能产品的智能构建与发展。例如：2020 年新冠疫情席卷全球，勤洗手是预防病毒传播与避免人体被病毒入侵的有效措施之一。因此，苹果公司在 2020 年

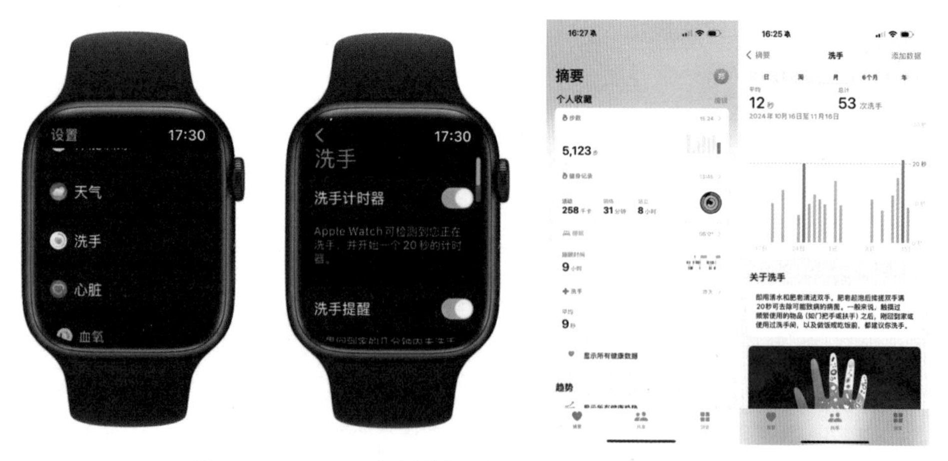

图 3–2 Apple Watch 洗手功能界面（左）和洗手的历史记录（右）

资料来源：苹果官网（左）和笔者数据（右）

6 月 watchOS 7[①] 中加入了洗手自动检测功能，这个功能可以让 Apple Watch 自动检测用户洗手的动作，并鼓励持续洗手 20 秒达到全球健康组织建议的标准，以此保证洗手效果。Apple Watch 除了可以检测用户洗手，还能在用户回到家后提醒用户先洗手，帮助用户养成良好的洗手习惯。此外，用户还可以通过苹果手机来查看过往洗手的频率与持续时间。在新冠疫情暴发的特殊历史时期，Apple Watch 通过产品的动作传感器和麦克风实时地检测用户是否处于洗手状态并通过洗手倒计时、到家提醒与洗手历史记录帮助用户养成科学的洗手习惯（见图 3-2）。虽然正确地洗手是人们需要一直保持的良好习惯，但 Apple Watch 智能洗手功能的构建与发展一定程度上是具有内在历史维度的。所以，无论是从演化的维度，还是从历史的维度，智能产品的智能都是累积的。

综上所述，智能产品的智能是具身的、情境的与累积的。

① watchOS 7：苹果公司基于 iOS 系统开发的一套适用于 Apple Watch 的手表操作系统。

3.3 面向用户的智能产品定义

前面讲述了智能产品的“智能”是具身的、情境的与累积的，那“智能产品”是什么？3.1详细论述了来自不同领域的学者们关于“智能产品”的现有概念，其核心大多是以智能化技术为驱动。从设计的角度来看，智能化技术仍然很重要，它使智能产品具有智能成为可能，但是前沿技术更多的是作为实现智能的手段与工具，在设计过程中更为重要的是设计师“如何认知智能产品”，构筑“怎样的智能”给用户的生活带来便捷与便利。毕竟智能产品是由用户来接触与使用的，与传统产品相比，智能产品与用户生活的关系更为紧密，与用户之间的交互频率更高，可以跨越时间与空间陪伴用户左右。由此，在设计领域中从用户的视角来看待智能产品尤为重要。

3.3.1 作为类认知主体的智能产品

对于用户来说，智能产品对用户自身意味着什么？在具身认知理论中，梅洛－庞蒂认为人类通过人工物拓展了人类身体的知觉，并在关于盲人手杖这一经典案例的论述中展现了人工物与人类知觉之间的关系：

> 盲人的手杖对于盲人来说不再是一件物体，手杖不再为手杖本身而被感知；手杖的尖端已转变成有感觉能力的区域，增加了触觉活动的广度和范围，它成了视觉的同功器官（梅洛－庞蒂，2001：190）。

从这段文字描述可以看出，手杖这种产品不再被用户作为手杖本身来认知，而是转变成用户知觉的一部分，作为用户的“眼睛”来探索周围的世界。由此，人通过人工物拓展了身体的知觉，从而更好地生存在世界中。具身认知理论主张人的认知产生于身体与环境的交互过程中，人工物其实是在伴随着人类认知世界的过程中产生的，无论是远古时期人类的各种炊具、捕猎工具等产品，还是现代各式各样的智能产品。在这个过程中，人类是作为认知的主体来认识世界，传统产品更多地是作为人类认识世界的产物。然而，智能产品被设计并赋

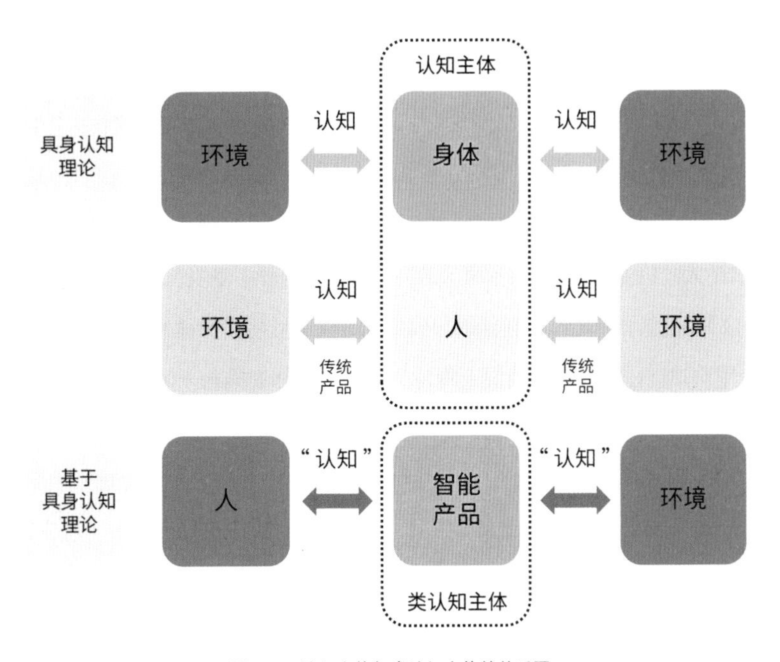

图 3-3 认知主体与类认知主体的关系图
资料来源：笔者自绘

予了类人的“智能”，并在智能化技术的支持下一定程度上独立于人类去感知世界。在感知世界的过程中，智能产品其实是被赋予了作为认知主体的人类的部分知觉，从而代表人类去认识世界的一部分，智能产品也就成为“类认知主体”而存在于世。

尽管传统产品与智能产品都可以在用户使用的过程中拓展用户知觉，但传统产品仅仅是被动地被用户使用而无法相对独立地去“知觉”世界。智能产品则可以相对独立、主动且代表人类去认识世界。因此，智能产品作为类认知主体来“认知”世界（见图 3-3）。这里的世界不仅包含智能产品自身所处的环境，还包括处在环境中的人类、其他生物以及其他智能产品。虽然作为类认知主体的智能产品需要认知处于环境中的生物体与非生物体，但智能产品是被设计给人类来使用的，认知人类仍然是智能产品设计背后的核心。

3.3.2 智能产品的“人工身体”

在环境中，类认知主体的智能产品不仅拥有类似人类的部分知觉，而且还具有“身体”。前面讲到智能产品的智能是具身的，智能需要通过智能产品的“身体”来与环境进行互动。其实唐·伊德(Don Ihde)在描述梅洛－庞蒂关于盲人手杖的案例时已然察觉到人工物的“体”：“知觉可以借助人工物的‘体’而得到极大的延伸，知觉延伸不受身体外形或皮肤表面的限制”（伊德，2012）。当然，智能产品延伸用户的知觉不仅不受用户身体外形或皮肤表面的限制，而且可以让用户知觉在不移动的情况下跨越空间与时间并安排未来的事情，这是传统产品所不具备的。

由此，智能产品是具有“身体”的，这个“身体”是由人类制造并研发的一种人工身体(以下简称“人工体”)。智能产品的人工体具有类人的大脑(中央处理器)、感官(各种传感器)等。在具身认知理论的纲领性文献《具身心智：认知科学和人类经验》中瓦雷拉、汤普森和罗施(2010：139)认为，“具有各种感知运动能力的身体自身内含在一个更广泛的生物、心理和文化的情境中”。也就是说，用户的身体是处于更加广泛的生物、心理和文化的情境中，智能产品则与用户处于同一环境与世界。所以，智能产品的人工体也处于这样的情境之中。但智能产品的人工体所感知的情境与用户有所不同，智能产品的人工体不仅需要感知自身，还需要感知除自身以外的其他环境。这里的环境包括处于环境中的人、其他生物等生物体，其他智能产品和传统产品等非生物体，以及涉及生物体与非生物体的情境。由此，人工体感知人的心理，包含了人、其他生物等生物体和非生物体的自然、社会与文化情境。

综上所述，从具身认知理论视角将面向设计领域的智能产品定义如下：智能产品是一种人工身体，能够感知人的心理以及包含人和智能产品在内的生物体和非生物体的自然、社会与文化的环境。

3.4 基于具身认知的智能产品特征

当从“人工身体”的视角重新审视智能产品，智能产品的特征慢慢变得明晰起来。从传统产品到智能产品，两者之间的区别在于产品是否具有智能。随着加入具身的、情境的与累积的智能，智能产品与传统产品相比在特征上必然有着较大的差别。

在设计传统产品的过程中，设计师实际上是在设计一种人工物，例如桌子、椅子等。当人们提起“桌子”这一词汇时，在人们的脑海中可能会浮现出具有一个平面和四条腿的物。如果将“桌子”的名称并不与固化在人们常识中的形态关联，这个物似乎与地面上的石头等非生命体并无太大差别。2015 年，由宜家公司（IKEA）资助的 SPACE 10 实验室提出了项目名称为“Heat Harvest”的能源解决方案，当将 Heat Harvest 设备安装在桌子上时，这个设备可以将从各种物体中散发的多余热量吸收起来转化为电能给手机等设备充电，例如从热茶壶、盛了热汤的锅等物体中吸收热量（见图 3-4）。根据实验，一杯热咖啡就能给手机充电。该技术原理是将热感应器嵌入桌面来收集和储存桌面物体发出的热量，然后由热传导发电机将热能转化为电能，通过无线充电的方式给桌子上的电子设备充电。尽管这个技术是为了可持

图 3-4　Heat Harvest 的实际使用场景图
资料来源：https://space10.com/

续生活而设计的，但该技术使得桌子不再仅仅是物，而是可以与桌面上的其他物体通过能量转换的方式进行交互的产品，好像具有生命的植物一样可以进行光合作用并给其他生物提供氧气。Heat Harvest 技术的加入使得该桌子与传统的桌子完全不一样了，并不是产品功能的简单叠加，而是产品自身开始与周围环境进行互动了。

3.4.1 特征之一：具身性

瓦雷拉等人（2010）认为，人的身体既被视为物理结构也被视为活生生的经验的结构。事实上，作为类认知主体的智能产品，其人工身体亦包含了这种具身性的双重性。智能产品的人工体不仅包含了人工体作为由各种算法和传感器等组成的认知机制的环境，也包含了人工体作为动态的、经验的结构。从物理结构来看，智能产品的人工体具有各式各样的传感器，这些传感器让智能产品具有了相应的知觉，可以感知来自周围环境的数据，如压力传感器可以感知压力数值以及压力分布等。多种多样的算法应用在具有相应传感器的人工体中，从而让智能产品的人工体具有更高级的感知能力，例如 AI 图像识别与物体识别算法和摄像机相配合，从而实现智能产品感知与识别物体的能力。

从经验结构来看，智能产品的人工体可视为动态的、经验的结构。因为人工体所处环境

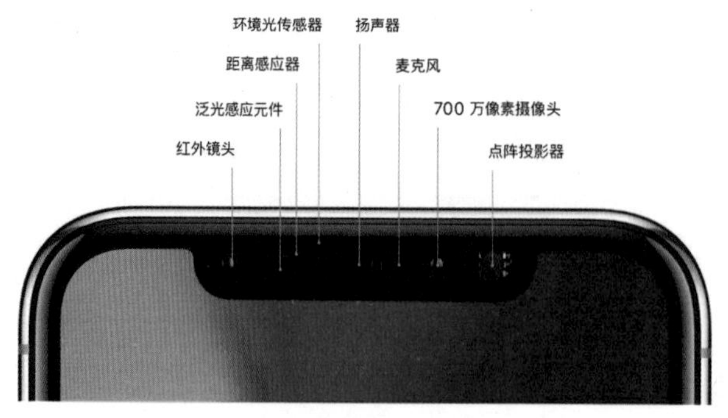

图 3–5　iPhone X 的深度感应摄像头模块
资料来源：苹果官网

并不是一成不变的，而是动态变化的。智能产品的人工体通过物理结构的“身体”来知觉动态环境，从中形成对动态环境的经验，并构成相应动态的、经验结构的“身体”。例如：用户在使用搭载 A14 仿生芯片[①] 的 iPhone 手机时，手机的 Face ID 从不熟悉用户的面部变化到可以识别出用户戴不同眼镜、化不同妆容等不同的面部状态变化。在这个过程中，苹果智能手机通过搭载 A14 仿生芯片与具有深度感应摄像头模块的人工体来感知用户面部的动态变化。这个人工体的深度感应摄像头模块，包括红外镜头（infrared camera）、泛光感应元件（flood illuminator）、距离感应器（proximity sensor）、点阵投影器（dot projector）等（见图 3–5）。iPhone 手机通过这样物理结构的人工体对用户的面部特征进行识别，但用户的面部特征并不是保持同一种状态，不仅其面部特征随时在变，而且周围环境的变化也会影响面部特征的呈现，如用户戴眼镜与不戴眼镜的面部状态变化、夜晚的用户面部特征变得不清晰等。在面对动态变化的用户面部特征时，iPhone 手机通过 A14 仿生芯片上的神经网络引擎（Neural

图 3–6　苹果 A14 芯片架构图
资料来源：苹果官网

① A14 仿生芯片：采用新一代 16 核神经网络引擎，苹果公司表示 A14 芯片的神经网络引擎每秒可以实现 11 万亿次的运算，机器学习性能提升到过去的两倍。

engine）与机器学习不断学习用户解锁手机时的面部特征变化并及时更新芯片内部存储的面部识别数据，让识别基准与用户本人的面部变化基本实现同步，Face ID 识别用户的速度会越来越快（见图 3–6）。由此，iPhone 手机在用户使用的过程中形成对用户面部动态变化的经验，iPhone 手机也相应形成了具有用户个人面部特征动态变化的经验结构的人工体。

因此，具身性是智能产品的基本特征之一。智能产品所具有的具身性的双重性并不是彼此对立的关系，而是在两者之间穿梭往复形成一个循环。正如前面讲述的 Face ID 通过 iPhone 手机物理结构的人工体对用户面部特征进行识别，手机识别到面部的动态变化影响着动态的、经验结构的人工体，这样经验结构的人工体亦影响着 iPhone 手机物理结构的人工体——手机的机器学习与算法的改进。所以，智能产品的人工体是产品与用户、产品与世界的接触点，用户通过人工体与智能产品进行交互。具身性是智能产品最为基础、核心的基本特征。

3.4.2 特征之二：情境性

从根源上来看，智能产品是人类与环境交互过程中的社会文化的特定产物。用户通过使用智能产品更好地生存在这个世界上，用户的经验包含智能产品在内的环境，是以人类的目的进行加工与解释处理过的。“智能产品”指的是“与人类有关系的智能产品”，智能产品是要为人类服务的，因此，智能产品依赖人类。假如智能产品脱离用户而单纯存在于环境中，这样的“智能产品”对于人类来说是没有意义的，“智能产品”在人类眼中仅仅是由各种材料组成的物。由于“情境依赖是人类活动的一般特征”（李恒威、盛晓明，2006：185），智能产品不仅不能脱离用户，更不能脱离情境。用户的认知依赖情境，用户无法认知脱离了情境的智能产品。所以，情境性是智能产品的基本特征之一。

智能产品除了受到环境的物理约束，还受到社会—文化情境的约束，因为智能产品与用户同处于社会—文化的情境中。智能产品的情境性亦是社会—文化的。根据具身认知理论，用户认知受所处环境的影响，认知是社会—文化的。然而，社会—文化的情境是动态变化和发展的，不同的用户知觉活动形成于不同的特定社会—文化情境中。当用户所处的社会—文化情境发生了变化，但用户身体的物理结构并没有随情境的变化进行相应的反应，这时不同用户之间社会—文化的认知就出现了差异，智能产品的情境性则需要匹配不同用户的社会—文化认知。例如：在面对同样的一部智能手机，年轻人与老年人在使用过程中，对手机的认知就存在偏差。年轻人可以快速学会使用智能手机，但老年人可能在学习几遍后仍不能熟练操作智能手机。这是由于年轻人与老年人知觉活动形成的社会—文化情境是不同的。因此，智能产品的情境性需要与用户的认知相匹配，并符合实践共同体的基本价值与伦理。

智能产品所处的情境不仅是社会—文化的情境，而且包含了不同智能产品与用户的环境。智能产品需要及时地对动态变化的情境作出相应的反应，例如：2017 年谷歌的 Google Home 智能音箱可以通过声音识别不同的用户，并针对不同的用户做出个性化的回复，最多可支持 6 名用户共同使用（见图 3-7）。因为智能音箱使用的情境是用户家中，多数情况下不只是存在一个用户，而是多用户存在于同一情境。Google Home 的多用户功能让产品根据不同的声音从相对应的账户中提取数据并定制不同的答案。在向 Google Home 询问日程表时，用户会获得自己的日程表而不是其他用户的。Google Home 智能音箱对由不同用户组成的动态变化的情境及时地作出反应，使得处于同一情境中的不同用户的需求得到满足。

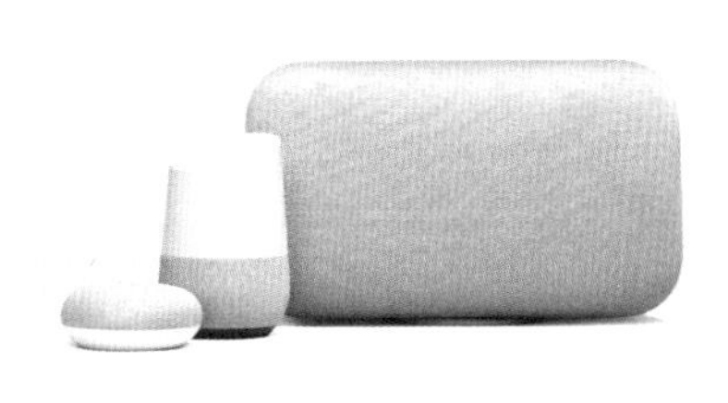

图 3-7　Google Home 智能音箱
资料来源：Google Store 官网

因此，智能产品的情境性是其基本特征之一。智能产品的情境包括自然、社会—文化的情境，智能产品与用户的情境。智能产品所处情境是动态变化的，智能产品需要对其做出及时响应。

3.4.3 特征之三：意向性（intentionality）

关于意向性，美国哲学家唐·伊德（Don Ihde）受海德格尔的“用具的形式指引”或“指向结构”的启发，提出了“技术意向性”（technological intentionality）（韩连庆，2012）。虽然伊德所提的“技术”主要指人工物或技术人工物，智能产品也与以往技术人工物在“智能”方面有很大的不同，但是技术意向性亦影响着智能产品，使得智能产品也具有意向性。

由此，智能产品的意向性有三种含义。第一种含义是智能产品本身具有的意向性，是指智能产品朝向特定情境的定向性。例如：在面对障碍物的时候，扫地机器人会调整与转换方向来避开或者绕开障碍物。处于扫地情境的机器人会遇到各种障碍物，由此机器人需要能够躲避障碍物以免碰撞并顺利完成打扫任务。在这个过程中，扫地机器人的人工体已是一种意向性的人工体，是在扫地情境中的人工体的意向性，而这种智能产品的意向性是由设计师通过设计赋予智能产品的。

第二种含义是智能产品在使用过程中的意向性，这包括智能产品所具有特定的导向性与朝向特定用户的定向性。智能产品所具有特定的导向性是指在使用智能产品的过程中，产品对人的行为的塑造（韩连庆，2012）。在使用过程中，智能产品为用户的行为设计了一个框架，在这个框架中形成意向性与倾向以及产品的使用模式，如苹果手机设计的照片操作方式是用户向左滑为查看下一张照片，向右滑为查看上一张照片。用户长时间进行这样的操作后，会形成针对照片操作的行为模式。除了特定的导向性，智能产品还具有朝向特定用户的定向性。用户在使用具有仿生芯片的苹果手机时，iPhone 对正在使用手机的用户的用户习惯进行机器学习，从而进行自身功能优化，进而 iPhone 变为某某用户的 iPhone。

第三种含义是指在人使用智能产品的过程中，以智能产品为中介的意向性。人—智能产品—世界这三者之间的关系是“先行显示的，而关系的意义是‘悬而未定’的、有待发生和构成的”（韩连庆，2012：101）。在使用的过程中，智能产品处于一个生成性、构造性的境域之中，智能产品与用户在存在论意义上是相互构成的，这使得用户和世界都获得新的意义。然而，智能产品对于不同用户并不一定都具有作为中介的意向性，因为在使用过程中，用户与智能产品之间不一定能形成这种相互构成的关系，比如老年人较难适应智能产品的使用，老年人可能在使用几天或一段时间后就放弃使用智能产品了。智能产品对于老年人来说就不具有作为中介的意向性。

所以，意向性是智能产品的基本特征之一。除了智能产品本身具有的意向性，在使用过程中智能产品的意向性是在人—智能产品—世界之间的相互作用中生成的。

第四章　智能产品设计思维的构成研究

前面讲述了智能产品的智能和作为人工身体的智能产品的定义，在此基础上，面向设计领域，智能产品设计思维由哪些方面构成呢？从具身认知的角度来看，设计思维实际上是身体认知环境的一种认知形式，也就是说设计思维作为一种认知形式，是在设计师与复杂多变的环境的相互作用中产生的（见图 4-1）。智能产品则是用户的身体与环境交互过程中的产物。因为智能产品的本质是为人类更好地生存在世界上，正如梅洛 - 庞蒂所说，“工具所起的作用都是向自发性的即时运动提供‘一些可重做的动作和独立的生存’”（梅洛 - 庞蒂，2001：194）。因此，本章从认知的视角来研究智能产品设计思维的构成。

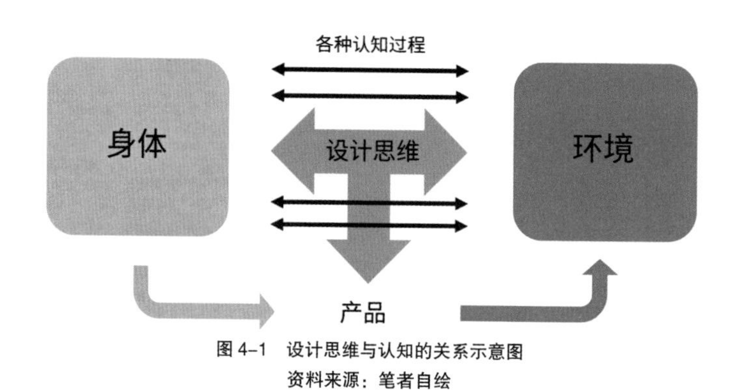

图 4-1　设计思维与认知的关系示意图
资料来源：笔者自绘

从设计的角度来看，智能产品为用户所使用，智能产品与用户共存于同一个环境中。因此，对智能产品设计思维的讨论，不可避免地需要涉及用户。此外，智能产品是通过人工智能技术使其智能得以实现的，人工智能技术作为智能产品不可或缺的一部分，用户使用智能产品的过程也是对智能技术认知的过程。智能化技术的应用使智能产品的功能、交互方式等方面与传统产品相比具有很大的不同，这就要求用户拥有更强的新技术接受能力与适应能力。因此，在智能产品设计思维的框架下还需要讨论用户如何通过智能产品来认知智能技术。

4.1 用户与智能产品的认知活动

随着各种智能产品进入人们的生活中，用户个人拥有智能产品的数量变得越来越多。在使用的过程中，用户并不一定只使用一种智能产品，而可能同时使用多种智能产品。智能产品也不仅仅面对一个用户，可能同一时间需要面对多个用户。所以，设计问题日益复杂。在同一个动态变化的情境中，用户、智能产品与情境之间的关系也日渐复杂。根据具身认知理论，用户与情境、智能产品与情境之间的相互作用是用户与智能产品认知情境的过程。因此，设计师设计智能产品的过程，亦是对用户与智能产品的认知活动进行设计的过程。所以，对用户与智能产品的认知活动的研究就显得尤为重要。

4.1.1 用户的认知活动

用户与智能产品处于同一情境之中，用户对情境的认知包括其他用户与智能产品在内的情境的认知。因此，用户的认知活动包括两部分，即用户对处于情境中的智能产品的认知活动、用户对其他用户的认知活动。

智能产品在设计的过程中，被设计师植入了不同的设计目标，智能产品被设计成与设计目标相匹配的人工体，而这个人工体的感知功能则用来恢复特定用户的情境信息。用户对智能产品的认知过程，实际上是用户对智能产品获取情境信息的认知。但对于不同用户来说，同样的智能产品，用户获得的情境信息是不一样的。这是因为不同用户的身体差异带来知觉内容的不同，同时智能产品提供用户的可供性（affordance）也是不一样的，也就是说智能产品带给用户的某种行为的可能性也是不同的。例如：使用同样一部智能手机，年轻人比老年人获得的情境信息要多，而且智能手机并没有给老年人提供更多行为上的可能性，比如智能手机界面部分设计的操作按钮范围小，不利于手脚不灵便的老年人使用。此外，用户在使用情境中，不仅对单一智能产品进行操作，而且还使用多种智能产品。比如用户使用智能产品A对智能产品B进行远程控制来感知智能产品B的情境状态（见图4-2）。在这个过程中，由于智能产品A与智能产品B相互连接，智能产品A提供给用户可以对智能产品B进行操作的可能性，智能产品B则向用户展现了能感知并将自身状态的情境信息提供给智能产品A

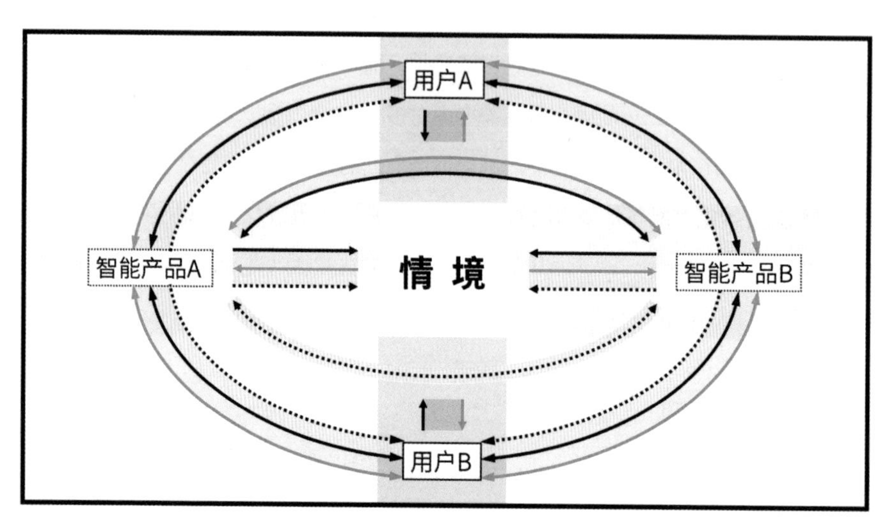

图 4-2 用户、智能产品与情境的认知活动框架图

资料来源：笔者自绘

注：图中浅蓝色区域显示为用户的认知活动，黑色实线为用户认知活动路径，浅粉色区域显示为智能产品的认知活动，黑色虚线为智能产品认知活动路径，蓝色实线则显示为情境信息的流动路径。

的可能性。因此用户可以通过智能产品 A 实现对智能产品 B 的情境感知。

在对其他用户的认知方面，用户除可以面对面与其他用户进行认知活动以外，还可以通过智能产品与其他用户进行沟通与交流。因此，在设计过程中，设计师需要了解处在某种情境中用户涉及的认知活动有哪些，从而有针对性地对其进行设计。

4.1.2 智能产品的认知活动

智能产品的认知活动包括两部分，分别是对情境的认知活动和对处于情境中的用户与其他智能产品的认知活动。

第一部分，根据设计问题，设计师设计了智能产品的人工体，智能产品的人工体决定了智能产品所能感知到的情境。智能产品感知到的情境信息则在同处于一个情境中的用户与其他智能产品之间流动（见图 4-2）。因此，智能产品对情境的认识活动是由设计师设计的。

第二部分，智能产品对用户与其他智能产品的认知活动包括智能产品对用户、智能产品对其他智能产品的认知活动。首先，根据使用情境，智能产品除了感知用户自己，还需要感知不同用户的存在。比如在家庭中使用的智能音箱需要辨别不同用户的声音完成相应的任务、AI 智能录音笔需要辨别对话中的不同用户等。其次，在使用情景中可能存在多种智能产品，彼此能够互联互通的智能产品之间也具有认知活动。例如：智能手机（智能产品 A）与智能摄像机（智能产品 B）之间是彼此关联的。智能摄像机可以实时感知周围环境，当感知到人或宠物出现在视线范围内即向智能手机推送通知或短视频告知用户；用户也可以通过智能手机实时查看智能摄像机所感知的家中情境（见图 4-2）。

综上所述，用户和智能产品的认知活动实际上是对情境的认知。在用户、智能产品与情境彼此之间的认知活动框架上形成三者之间的认知互动机制，在这个认知活动机制中三者互相影响。因此，“用户—智能产品—情境”是一个整体的认知活动机制，其中的每一方都依赖于这个整体而具有意义。

4.2 用户与智能产品的具身性设计要素

在新技术层出不穷的时代，新技术对人的影响越来越明显，不仅改变人在世界存在的各种方式，如行为方式、生活方式等，而且改变人们自己。用户不是以前的用户，智能产品亦不是以往的产品。根据具身认知理论，作为认知主体的用户和作为类认知主体的智能产品是以不同“身体”嵌在同一个世界的。因此，我们可以从“身体”和“情境”出发来分析用户和智能产品的具身性要素。

关于“身体”，1945 年梅洛－庞蒂在《知觉现象学》中提出身体分为客观身体和现象身体。随着人类社会步入第四次工业革命，越来越多的高科技开始进入人们的日常生活，人们与技术的关系发生了变化，如虚拟现实技术、人工智能技术等。针对技术变化带来的身体与技术的关系变化，2002 年唐·伊德在《技术中的身体》(*Bodies in Technology*)中提出了身体分为：“身体一”，这是梅洛－庞蒂所指的具有感知运动能力的、知觉的、情感化的身体，这是主动的身体；“身体二”，指在社会和文化中被建构的身体，这是被动的身体；连接“身体一”和“身体二”的技术的身体，探讨的是“身体一”和“身体二”如何与技术发生联系并受之影响（刘铮，2019）。随后，安德鲁·芬伯格（Andrew Feenberg）批判伊德对身体的理解，认为伊德解释的身体是“单向度”的，并在伊德“身体一”和“身体二”的理论基础上，提出身体应该还具有“从属的身体”和“延展的身体”（Feenberg，2003）。因此，本研究从芬伯格的观点出发，对用户和智能产品的“身体”展开论述。

4.2.1 用户的具身性设计要素

4.2.1.1 用户的身体四要素

用户的身体作为实际存在的身体，首先是具有物理结构的客观身体，同时身体是具有感知运动能力的、知觉的、情感的身体。其次，用户的身体是被社会、文化和政治所构造的身体。作为行动者的身体处于存在他者的世界中，在某种程度上具有“从属于”他者的身体。此外，用户的身体不仅通过使用技术人工物延展了能动的身体，而且通过“技术中介来意指(signify)

自身的身体”（刘铮，2019：90）。因此，用户的身体要素包括感知身体、文化身体、从属身体与延展身体。

（1）感知身体要素

感知身体要素包括两部分，一部分是用户身体的生理结构；另外一部分是能动的、知觉的、情感的、活生生的身体，作为用户身体的经验存在。这样的身体是主动的身体。例如：对于智能手表来说，用户关于生理结构方面的感知身体要素一方面包含用户身体的心率、血氧状态等；另一方面包含用户每日走路的步数、进行的各种运动等。

（2）文化身体要素

文化身体要素是指在社会、文化和政治中被构建的用户身体。用户的文化身体具有性别、年龄、文化和阶层的区别。这样的身体是被动的身体。例如：用户所受教育千差万别，因此用户的文化身体要素是不同的。在面对同样的智能产品，学习能力强的用户在学习与使用智能产品过程中与学习能力弱的用户相比会更快一些。

（3）从属身体要素

从属身体要素是用户通过他人或智能产品在用户的身体上带来行动（Feenberg，2003）。从属身体是一种特殊的被动性。在芬伯格关于儿童球员受伤的例子中，儿童在足球比赛中受伤会潜意识地呼喊父母，这表明儿童的身体是“从属于”父母的；而且受伤儿童在呼喊的过程中，周围其他人都会冲过去帮助受伤的儿童。例如：Apple Watch Series 4 或更新的机型具有“摔倒检测”功能，并默认对 65 岁以上的用户开启此功能。当手表检测到用户摔倒了，手表会轻触用户的手腕、发出警报声以及显示提醒（见图 4–3）。如果用户处于清醒状态，用户可以自行选择呼叫紧急服务或者关闭摔倒提醒。如果用户在大约一分钟内没有做出任何动作，手表会自动拨打紧急服务电话，并告知用户的紧急联系人用户摔倒的程度与位置信息以及已经采取的施救内容。因此，当用户摔倒的时候，用户可以通过智能产品得到其他人或自己家人的帮助。

图 4-3　Apple Watch 的摔倒检测
资料来源：苹果官网

（4）延展身体要素

延展身体要素是指通过作为中介的技术延展用户身体知觉，并通过其来意指用户身体。芬伯格认为这是一种特殊的被动性（Feenberg，2003）。例如：美国雅培动态血糖监测仪应用了动态血糖监测系统[①]，通过将“辅理善瞬感”传感器佩戴到用户手臂外侧或者后侧，并搭配“瞬感宝”应用程序（Librelink）来记录用户在日常生活状态下的血糖数据（见图 4-4）。雅培“辅理善瞬感”传感器每分钟监测一次用户血糖数据，对用户 24 小时的动态血糖变化形成每日血糖变化曲线，用户可以佩戴传感器长达 14 天，便于用户随时随地掌握身体血糖状态。用户通过动态血糖监测系统这一技术拓展了对自己身体血糖水平的感知，因为传统血糖仪仅仅是对用户某个时间点的血糖进行监测，但用户的血糖是动态变化的。虽然动态血糖监测仪从积极的角度来看是延展了用户身体的知觉，但从消极的角度来看，佩戴在手臂上的传感器让用户意识到自己患有糖尿病的“客观性”，以及让其他人意识到用户患有糖尿病。

① 动态血糖监测系统（continuous glucose monitoring system，CGMS）：通过葡萄糖感应器监测皮下组织间液的葡萄糖浓度而反映血糖水平的监测技术。

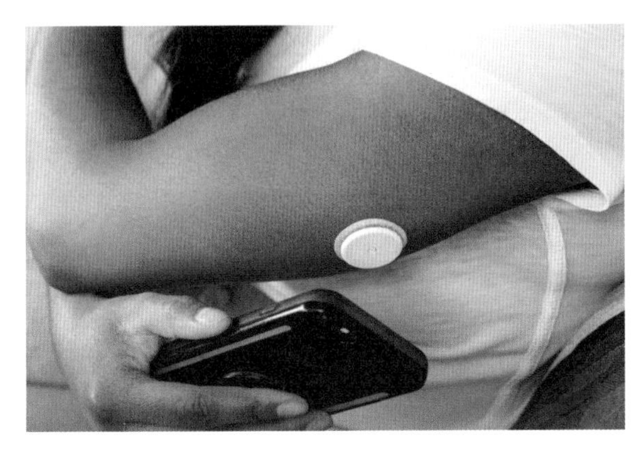

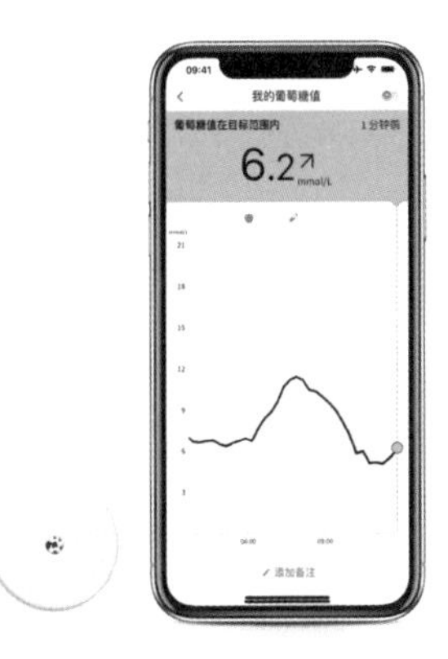

图 4-4　雅培动态血糖监测仪

资料来源：雅培瞬感官网

4.2.1.2 用户的情境六要素

根据具身认知理论，用户身体所处情境是自然的、生物的、心理的和社会—文化的情境。除此之外，现如今用户的生活中充斥着各种各样的技术人工物，并且生活在主要由技术人工物组成的人类世界。由此，用户所处情境还是技术的。

（1）自然情境要素

用户身体是嵌在自然环境中的，时时刻刻感受自然环境，比如气温、湿度、风力、风向、土壤、光线、空气氧气含量、地壳运动等。因此，自然情境要素是指用户身体所处的自然环境的集合，这包括气候变化、地理环境、动植物环境等。用户身体在家中感知的自然情境要素与在户外有所不同。在寒冷冬天且装有暖气设备的家中，用户身体所感知到的温暖的温度与湿度是人造的自然情境；然而当用户走到室外，用户所感受到的是与室内截然不同的寒冷温度与湿度。用户身处不同的地理位置、空间所感知到的自然情境要素都是不同的，这就需要设计师去挖掘用户需求中不同的自然情境要素。例如：在外出过程中，用户会遇到超出其知识范围的植物，但又想要了解所看到的植物是什么。因此，智能手机中加入可以识别植物的功能，用户可以通过智能手机自带的扫一扫功能识别植物，深入地了解其身体所处的自然情境，如华为、小米手机等。

（2）生物情境要素

生物情境要素是指用户身体所处的生物环境的集合，是由人类和其他生物组成的生物环境。例如：2019 年 12 月初突如其来的新冠疫情席卷全球，影响了整个人类。由于病毒的传播途径，与新冠感染病人近距离接触的人较大概率会被病毒传染，所以，这个生物情境是由新冠病毒、新冠感染患者、新冠感染患者的密切接触者、未感染新冠病毒的人群组成的生物情境。因为新冠感染症状在不同人的机体上的反应是不一样的，这给个人识别自身是否感染新冠病毒带来较大的困难，使得个人不能及时采取相应的措施。同时，人们的行动路线错综复杂，人们很难知道周围的人是否已经感染了新冠病毒。因此，苹果和谷歌在 2020 年 5 月合作推出了一款追踪新型冠状病毒传播的系统——“暴露通知系统”（Exposure Notifications System），利用这个系统来帮助各国政府和全球社会通过接触追踪抗击新冠感染（见图 4-5）。暴露通知系统通过低功耗蓝牙传输健康信息，在保证用户隐私的情况下追踪在生物情境中的人群活动。苹果和谷歌将这个系统加入 iOS 与 Android 操作系统中，这两个系统加起来已有 30 亿用户，覆盖了全球 99% 的智能手机。因此，在用户所在地公共卫生机构提供新冠感染“暴露通知”服务的情况下，用户开启手机中的暴露通知选项即可感知用户所处的生物情境是否有人感染新冠病毒。当发现用户 14 天内曾经接触过新冠感染患者时，该系统会给用户发出通知并指导下一步的行动。

（3）心理情境要素

心理情境要素指当某些事情、用户知觉与行为发生的时候，用户身体所处的心理环境的集合，这包括用户自身的心理环境以及与用户有关联的其他人的心理环境，如用户和其他人的情绪变化等。例如：英国兰卡斯特大学计算与通信学院的研究人员研发了一项可监测用户情绪变化的智能可穿戴技术，研究人员用智能材料制作了佩戴在手腕上的原型产品（见图 4-6）。该技术可以随用户的情绪升高而改变颜色、变热、挤压或者震动，帮助患

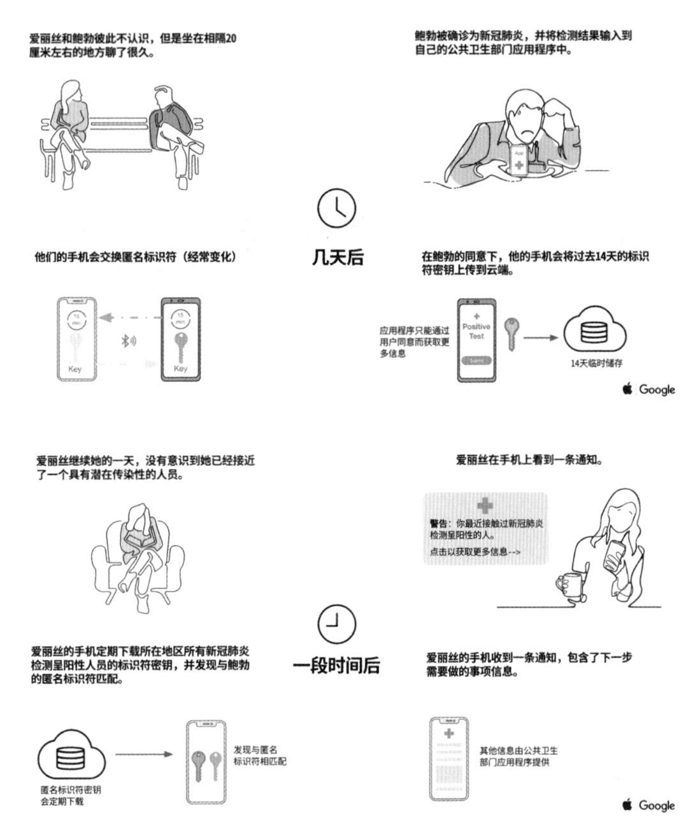

图 4–5　暴露通知系统的使用情境和工作原理

资料来源：谷歌官网

https：//www.google.com/covid19/exposurenotifications/

有情感障碍的人及时地控制情绪，如患有抑郁症、焦虑症等心理疾病的患者。

（4）社会情境要素

用户身体是处在社会中的，用户身体在人类社会中会担任不同的角色、构成不同的关系，比如血缘关系（父母、儿女）、工作关系（领导、下属）、婚姻关系（丈夫、妻子）、教育关系（老师、学生）等。此外社会中的各种重大事件、国家与国家之间的关系等都会影响用

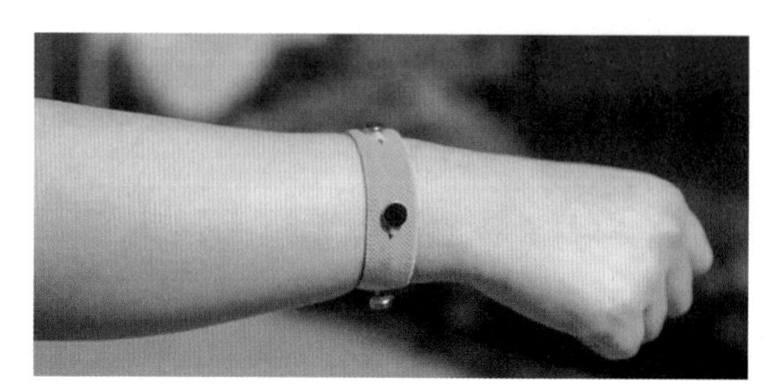

图 4-6 监测情绪变化的智能可穿戴技术原型产品
资料来源：兰卡斯特大学官网

户身体，比如新冠疫情中的隔离措施。因此，社会情境要素指用户身体所处的社会环境的集合，这包括人员分工、政策等。例如：针对特殊群体遇到使用智能技术困难的问题，2020 年年底国务院和工信部分别出台了相应的政策[①]来帮助特殊群体迈过“数字鸿沟”。在这样的国家政策推动下，相应的智能产品与软件都会做出相应调整，来帮助社会中的老年人适应技术的发展。因此，设计师在设计的过程中，需要探索用户的社会情境要素包括哪些内容，从中找寻设计的突破口。

（5）文化情境要素

文化情境要素指用户身体所处的文化环境的集合，大到地方风俗、小到个人的生活方式。比如，在一个家庭中，从宏观的角度来看，一家人具有大致相同的生活习惯，几点吃午饭、几点吃晚饭等。但从微观的角度来看，大人、小孩生活作息还是不一样的，小孩需要充足的睡眠，大人则并不需要和小孩一样时长的睡眠。事实上这对智能产品提出更高的要求。从群体的角度来看，不同的群体之间的文化情境要素都是不同的。例如：在中国，“80 后”和“90 后”的人群在价值观、生活观、消费观上就存在着显著差异。因此，设计师在解决设计问题时需要关注用户的文化情境要素以及不同用户之间的文化情境要素的差异。

---

① 2020 年 11 月国务院印发《关于切实解决老年人运用智能技术困难的实施方案》（国办发〔2020〕45 号）；12 月工信部颁布了《互联网应用适老化及无障碍改造专项行动方案》（工信部信管〔2020〕200 号）。

（6）技术情境要素

技术情境要素指用户身体所处的技术环境的集合，当某些事情、用户知觉与行为发生的时候，技术情境要素包括和用户身体直接或间接相关联的智能与非智能产品组成的环境。例如：当用户使用小米智能电饭煲时，用户会接触不同的智能产品操作，用户身体就正处于这样的技术情境中。比如用户通过智能音箱的小爱同学（智能产品）对智能电饭煲进行各项操作，也可以使用智能手机端App（智能产品）对电饭煲进行远程操作，同时用户通过"海量云菜谱"的选择对电饭煲中的食物一键烹饪。

4.2.2 智能产品的具身性设计要素

作为类认知主体的智能产品有着和用户身体相似的人工身体，且与用户同处于一个更广泛的情境中。但由于智能产品与用户是从不同的视角来看其要素构成的，所以，智能产品与用户的具身十要素有着看似相似的要素，但实际上要素涉及的内容是有所区别的。在3.3中，笔者已经论述了面向用户的智能产品定义：智能产品是一种人工身体，来感知人的心理以及包含人和智能产品在内的生物体和非生物体的自然、社会与文化的环境。我们从这个定义出发，讨论面向设计领域的智能产品要素构成。

4.2.2.1 智能产品的人工身体四要素

作为人工身体的智能产品，首先需要具有感知能力，能感知包含用户和智能产品在内的动态环境的变化。其次，智能产品的人工体是被人类所塑造，并在智能产品的周围投射了一个文化世界（梅洛－庞蒂，2001）。被这样一个文化世界包围的人工体是文化的人工身体。从本质上来看，智能产品的人工体是从属于人类的。当产品出现故障时，智能产品以一定的方式反馈给用户，用户找寻专业人士对智能产品的人工身体进行维修。最后，智能产品所处的环境包括真实环境和虚拟环境。智能产品以人工体存在于真实环境中，然而在虚拟环境中，智能产品的人工体以另外一种形式的人工体出现。因此，智能产品的人工身体要素包括感知人工体、文化人工体、从属人工体与虚拟人工体。

（1）感知人工体要素

感知人工体要素是指智能产品具有感知能力，且其人工体包括人工体的物理结构和在动态变化的环境中形成的动态的、经验结构的人工体。因此，在设计过程中，设计师需要选取合适的传感器应用在智能产品中并设计传感器的位置排布，且配合相应的算法来搭建智能产品人工体的物理结构，使智能产品具有某种感知能力。此外，设计师不仅需要考虑智能产品人工体的物理结构搭建，还需要考虑如何设计来应对人工体周围动态变化的环境。例如：2019 年 10 月谷歌发布了手机 Pixel 4 的一项新功能——运动感知功能（motion sense）。这项功能可以感知用户在手机附近的微小手势动作，进而实现抬手即人脸解锁与隔空手势功能。运动感知功能的实现得益于谷歌手机上搭载的微型运动感应雷达芯片 Soli（Soli radar chip），而雷达芯片的应用源于谷歌对 Project Soli 这一项运用微型雷达监测空中手势动作的新型传感技术的研究（见图 4–7）。雷达芯片使得手机前面和侧面具有空间感知功能，并且

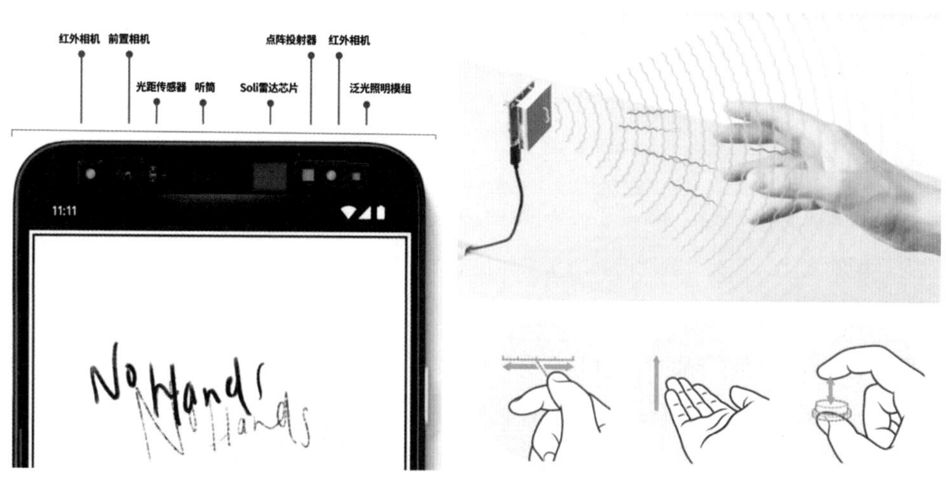

图 4–7　谷歌 Pixel 4 手机的运动感知功能
资料来源：谷歌官网

可以始终监测用户的行为动作。

因此，运动感知功能使谷歌智能手机的人工体具有对用户手势动作的感知能力，进而引导手机的自我操作，比如跳过歌曲、暂停闹钟或静音电话等操作。这些自我操作又限制了智能手机人工体所能感知的内容。所以，谷歌手机 Pixel 4 具有感知人工体要素。

（2）文化人工体要素

文化人工体要素是指由人类文化所塑造的智能产品人工体。也就是说，人类文化投射在智能产品人工体上，以文化人工体要素呈现出来。例如：具有机器实体的围棋机器人是由研究人员基于大量的世界顶尖棋手的下棋步骤来进行机器学习的，从而让围棋机器人自身具有下棋的“逻辑”。围棋机器人与人类下棋时所展现出的下棋的步骤与决策则是围棋机器人在机器学习了人类文化后，形成的围棋机器人的“文化”，呈现了围棋机器人的文化人工体要素，展现了人类的文化。

（3）从属人工体要素

智能产品虽然主动感知用户，但在本质上智能产品人工体还是在被动等待用户的使用，比如用户对扫地机器人进行开启操作，扫地机器人才开始工作。这样的人工体是从属人工体，智能产品的人工体是从属于人类的。当人工体出现故障被设计给予用户一定的反馈，用户将智能产品人工体送去维修，亦体现了从属人工体要素，比如用户的智能手机出现故障，一般情况下用户会自己携带手机去维修。虽然智能产品从属于人类，但在使用的过程中，智能产品的感知人工体要素发生了变化，人工体形成了面向某用户的经验结构的“身体”，这时智能手机人工体是从属于某用户的，而不是其他人。因此，从属人工体要素是被用户所使用的智能产品的人工身体。

（4）虚拟人工体要素

智能产品所处的环境除了真实环境，还包括虚拟环境。在真实环境中，智能产品通过人工身体存在。在虚拟环境中，智能产品则以虚拟人工体的形式出现。用户通过对智能产品的虚拟人工体进行操作来操控真实环境中智能产品的人工体。例如：小米针对家中的智能产品

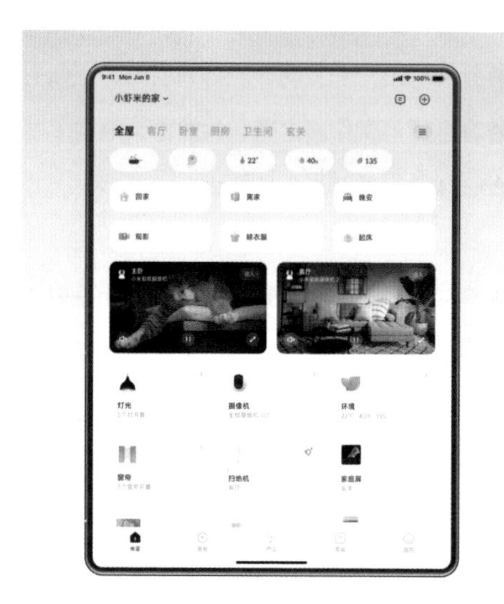

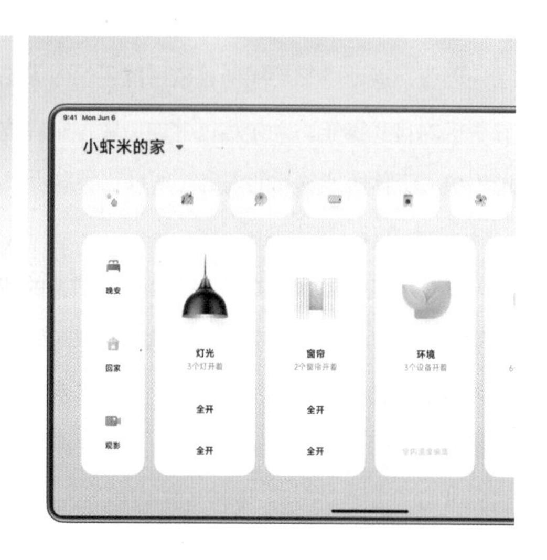

图 4–8　米家 App 界面
资料来源：笔者整理

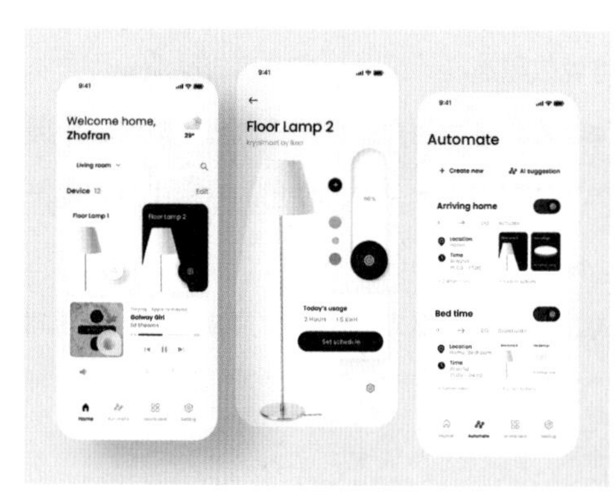

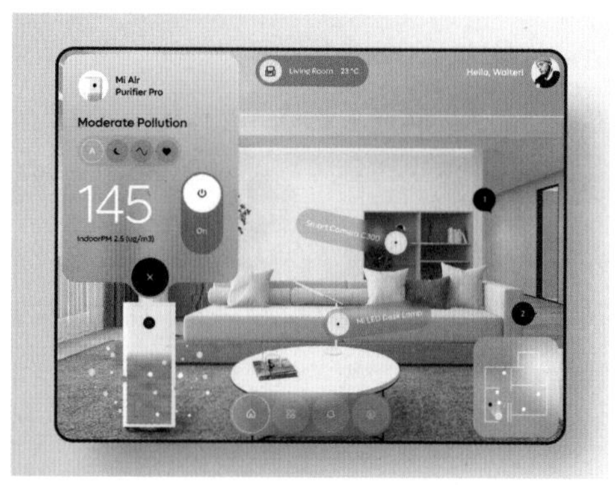

图 4–9　智能家居 App 界面
资料来源：Dribbble 网站

设计了智能硬件管理平台——米家 App。在这个软件的虚拟环境中，现实生活的智能产品被设计成米家 App 界面中一个个虚拟模块（见图 4-8），这个带有智能产品名称与形态的矩形区域是智能产品虚拟人工体的一种呈现形式。在米家 App 中用户通过添加智能产品的虚拟人工体后即可对真实环境中的智能产品进行开启与关闭的操作。智能产品虚拟人工体要素的呈现形式并不是固定的，由设计师对其进行设计，通过对界面和交互的设计展现智能产品虚拟人工体的各项功能（见图 4-9）。因此，虚拟人工体要素是指智能产品人工体在虚拟环境中的呈现形式。

4.2.2.2 智能产品的情境六要素

智能产品情境六要素中的三要素与用户情境要素有相似的部分，这包括自然情境、文化情境与社会情境。除此之外，智能产品所处情境还包括了由用户身体组成的身体情境以及其他智能产品组成的智能体情境。以上的这些情境要素都是真实环境中的。智能产品所处环境除了真实环境，还包括虚拟环境。因此，智能产品还具有虚拟情境要素。

（1）自然情境要素

智能产品感知的自然情境要素除了涉及自然环境，还包括人造自然环境。例如：Nest Thermostat 温控器是 2011 年由美国 Nest Lab 智能家居公司推出的一款基于机器学习的、可编程的 Wi-Fi 家庭智能温控产品（见图 4-10）。Nest 温控器所处的自然情境要素，是用户室内制冷制热设备营造的人造环境的温度。产品通过感知与记录室内温度，并智能识别用户习惯，自动调节空调和加热器，从而动态地满足用户的不同需求。

（2）社会情境要素

社会情境要素是指智能产品人工体所处的社会环境的集合，如社会角色与职能的转变等。智能产品在人类社会发挥的作用越来越大，承担了越来越多人类的社会角色。例如：2021 年 3 月 4 日 SpaceX 星舰飞船 SN10 成功着陆后爆炸，波士顿动力机器狗第一时间进入爆炸现场探测并收集数据。在这个事件中，机器狗实际上是扮演了人类角色并承担相应的任务去爆炸

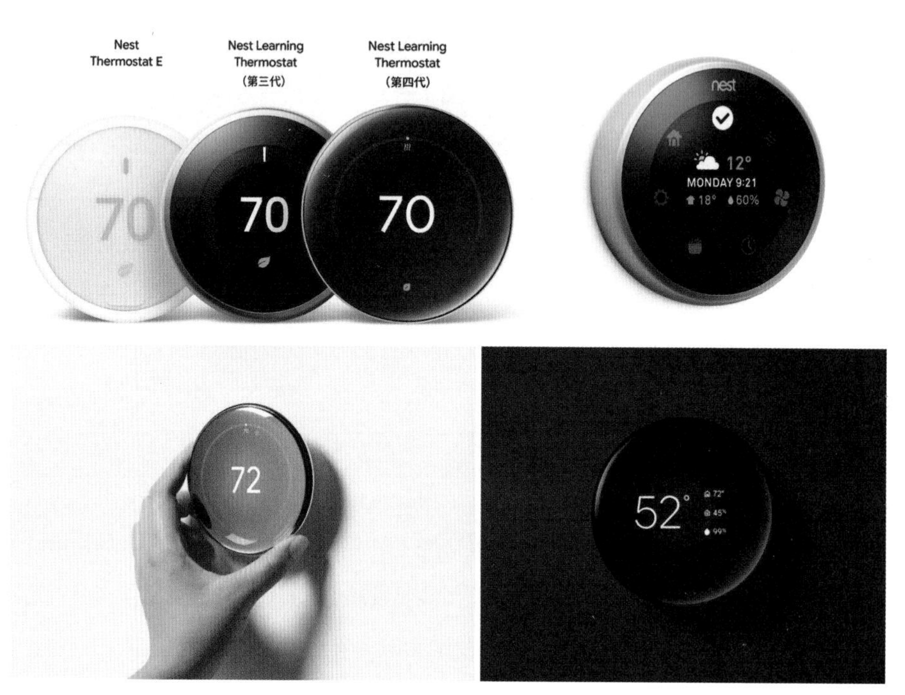

图 4–10　Nest Thermostat 温控器
资料来源：笔者整理

现场勘探。因为火箭爆炸现场存在各种风险，如有毒气体、高温、未完全燃烧的火箭燃料等。

智能产品的社会情境要素与用户的社会情境要素看似相同，但实际上智能产品需要感知包含人在内的社会情境。智能产品需要关注用户的社会情境是怎样的，而不仅仅感知所处的情境是如何的。因此，智能产品在人类社会中扮演着什么社会角色、承担着什么社会职能，关注用户哪部分的社会情境等，都是设计师需要去思考与设计的。

（3）文化情境要素

文化情境要素是指智能产品的人工体所处的文化环境的集合，这包括与用户相关的文化环境，以及用户的文化情境，如用户的受教育程度、用户对特定领域知识的了解、时下流行的生活方式等。例如，智能录音笔可以识别不同语言的声音，比如英文、中文、粤语等，不同语言则蕴含着不同的文化，描述同样的物体，所使用的文字是不同的。所以，智能产品所感知的文化情境要素是包含人在内的文化环境。另外，在设计师设计的过程中，智能产品的文化情境要素影响着文化人工体要素的组成，文化人工体要素又体现着文化情境要素。

（4）身体情境要素

身体情境要素是指由用户身体组成的情境集合，是包括用户的感知、文化、从属、延展身体组成的更为广泛的身体情境。由于智能产品是需要用户去使用的，智能产品所面向的用户并不是单一的，而是多元的。这就需要智能产品针对不同的用户身体进行设计以及不同用户身体之间的关系设计。因此，智能产品设计不仅需要考虑如何感知周围情境，而且需要感知在情境中的用户身体，由用户群组成的身体情境以及不同用户或者用户群之间的关系。

（5）智能体情境要素

智能产品所处的环境中并不一定仅存在一件智能产品，有可能还有其他的智能产品在同一个情境中。智能产品不仅感知用户身体，还感知在同一个情境中的其他智能产品，并与其他智能产品互联互通。例如：2020 年 9 月，苹果真无线蓝牙耳机 AirPods 和 AirPods Pro 具有设备间的自动切换功能（见图 4-11）。由于苹果蓝牙耳机所处情境中，还包括其他智能产品如 iPhone、Apple Watch、iPad 和 Mac，当蓝牙耳机感知到用户在某个智能产品中进行音频相关的操作时，蓝牙耳机就会自动切换到相应的智能产品上。这个功能的设计满足了用户动态变化的需求，因为用户可能具有 2 个以上的智能产品，在不同智能产品上用户的音频需求不一定是线性的，而是交叉性的。因此，智能体情境要素是由智能产品与其他智能产品的人工体组成的。

（6）虚拟情境要素

虚拟情境要素是由用户、各种智能产品虚拟人工体、智能产品的界面、与智能产品紧密相连的互联网等组成的虚拟环境的集合。虚拟情境一定程度上与真实生活都属于生活世界的一部分，由于虚拟情境“既在积极呈现的意义上是‘真实的’，又成为真实生活的一部分”（刘铮，2019：91），因此，人和智能产品具身在生活世界中，也具身在由人所塑造的虚拟情境中。

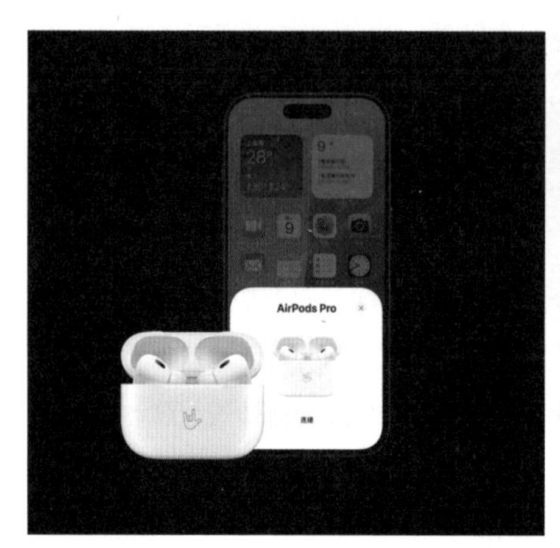

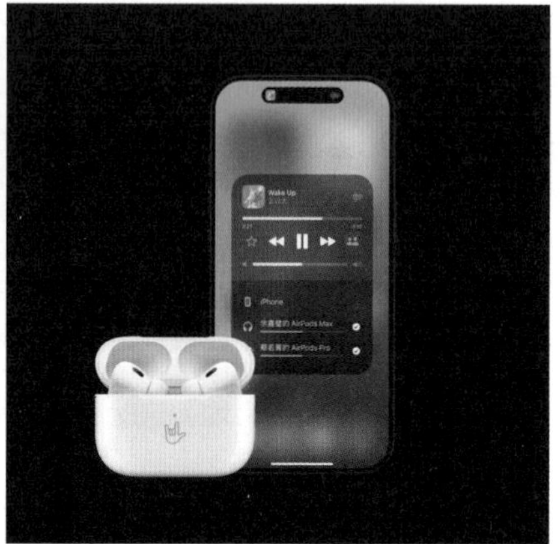

图 4–11　苹果真无线蓝牙耳机
资料来源：苹果官网

用户对处在虚拟情境中智能产品的虚拟人工体进行操作，处在真实环境中的智能产品人工体则能感知周围的情境，并执行用户给予的任务。智能产品人工体感知到情境又由虚拟人工体反馈给用户，为用户进行下一步的决策提供了信息。因此，设计师在设计智能产品时，需要考虑涉及的虚拟情境要素，以及多个虚拟情境要素之间的互动关系。

4.2.3 具身性设计要素之间的关系

用户和智能产品的具身性设计要素之间是彼此影响的。用户的身体感知周围的情境，同样智能产品的人工身体感知人工体所处的情境。用户和智能产品的“身体”与“情境”要素并不是对立的关系，而是在彼此规定、彼此约束的动态系统中耦合的。

首先，用户生理结构的、能动的、知觉的、活生生的身体是在自然与生物情境中形成的。因此，自然与生物情境要素影响着用户的感知身体要素。其次，用户的文化身体要素是由社会与文化情境要素影响的结果。用户从属身体要素则是用户身体在社会、生物与心理情境中生成的。例如：患有心脏病的用户将自己的身体交给智能手表来监测心跳状态，这是因为用户知道智能产品的健康追踪功能可以在一定程度上扮演护士的社会角色，随时随地监测用户的身体健康状态，让用户不必时刻担心自己的身体状况。最后，用户的延展身体要素必然涉及技术情境要素，用户通过技术拓展了用户身体对自然情境的感知，同时文化情境影响着通过技术中介意指的用户身体。所以，用户的身体四要素与情境六要素的关系是耦合的，彼此互相影响（见图 4-12）。在用户具身十要素关系图中，不仅显示了用户身体与情境要素之间的关系，还显示了不同身体要素的主动与被动状态。

智能产品的具身十要素与用户的不同，但智能产品的要素之间的关系仍是一种结构的耦合（见图 4-13）。第一，处在自然情境中的智能产品的人工身体需要感知用户的身体情境与文化情境。自然、文化与身体情境要素影响着感知人工体的设计，然而感知人工体又反过

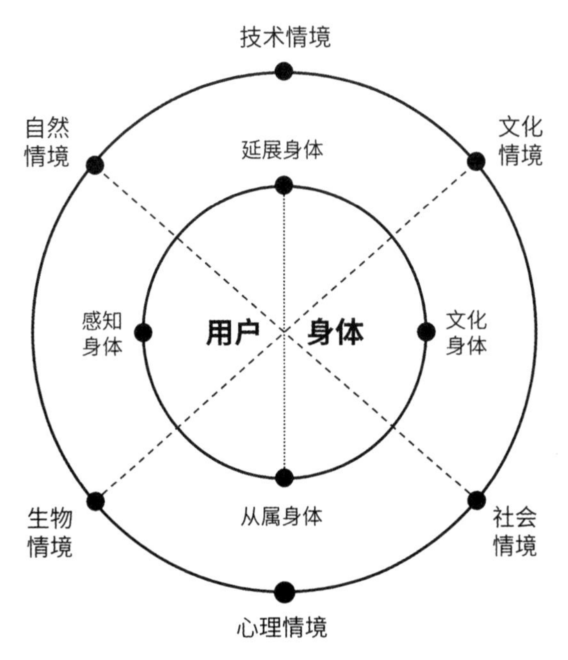

图 4-12　用户具身十要素关系图
资料来源：笔者自绘

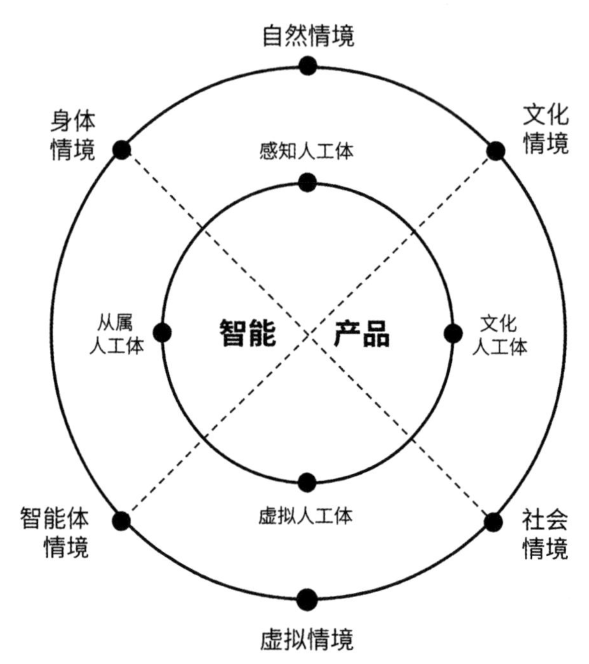

图 4-13　智能产品具身十要素关系图
资料来源：笔者自绘

来影响着这三个情境的动态变化。第二，社会与文化情境要素影响着文化人工体要素的形成。第三，智能产品的从属人工体在使用过程中不仅从属于用户身体，而且从属于某个智能产品，与其他智能产品配合使用，才能发挥出其人工身体的最大功效，比如真无线耳机需要搭配智能产品来使用，否则真无线耳机无法实现播放音频的功能，仅仅是造型好看的人造物。以上都是智能产品的人工体处于真实环境中的情形，但智能产品所处环境还包括虚拟环境。在虚拟环境中，智能产品的虚拟人工体要素不仅受到虚拟情境要素的影响，还受到来自真实环境的智能体情境和社会情境的构建影响，比如在老龄化社会中，智能产品的界面设计需要考虑如何方便老年人群体的使用。由此，在智能产品具身十要素关系图中，设计师可以分析智能产品所具有的人工体要素和情境要素。

总而言之，在智能产品设计过程中，设计师不能孤立地去思考用户和智能产品的具身十要素，而是要放在统一的情境中去考虑如何进行智能产品的设计。人类的社会文化世界形成的基础是不同个体对同一个事物有着共同的认识，在共同认识的基础上才具有一种共同的可交流的意义。因此，用户和智能产品的具身性设计要素有交集的部分——文化情境要素和社会情境要素（见图 4-14）。尽管用户和智能产品产生交集的文化与社会情境要素并不是完全一样，但用户和智能产品还是处在同一个社会文化环境中。因此，用户和智能产品的社会与文化情境要素需要保持一致性，才能使两者之间自然的交流成为可能。此外，具身性设计要素关系图中展现了用户和智能产品在同一个环境中涉及的二十个具身要素以及不同要素之间的关系。虽然用户和智能产品各具有十个具身要素，但面对现实中复杂多变的问题时，要素与要素之间的界限也并不是一分为二的这般清晰，可能存在彼此包含的状态。

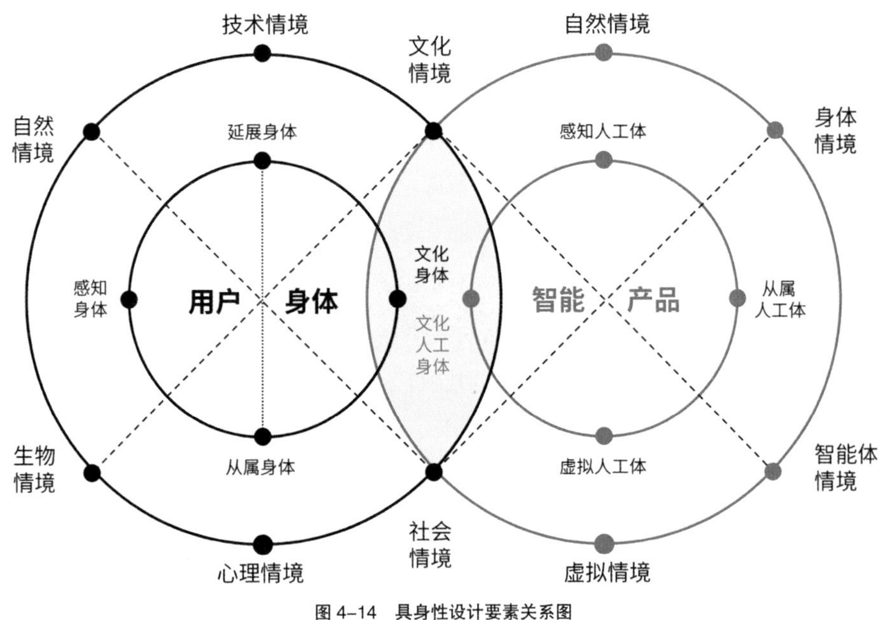

图 4-14　具身性设计要素关系图
资料来源：笔者自绘

4.3 用户与智能技术的认知关系

对智能产品设计思维进行讨论，就不得不对智能技术进行研究，因为智能技术不仅影响着智能产品的智能实现，而且贯穿于用户整个使用过程。用户在使用智能产品的过程中，实际上也是在认知与使用智能技术。因此，用户如何认知智能技术，影响用户对智能产品的使用，这对智能产品设计来说至关重要。

关于人与技术的关系，1990 年技术哲学领域的唐・伊德从海德格尔的技术思路出发，在吸收了胡塞尔后期的思想，特别是梅洛－庞蒂的知觉现象学（Phenomenology of Perception）的思想后，从知觉、经验的角度对“人—技术”的关系进行了深入解析，提出了人与技术的四种关系，分别是具身关系、诠释学关系、它异关系、背景关系（伊德，2012）。第一种关系是“具身关系”，即“（人—技术）→世界”。在使用情景中，伊德认为人是以一种特殊的方式将技术融入自己的经验中并借助这些技术来感知，由此转化了人自身的知觉与身体的感觉。第二种关系是“诠释学关系”，即“人→（技术—世界）”，指的是人借助技术获得对指示对象或指示世界的解释。例如：汽车车主无法用身体直接感知汽车油箱的油有多少，需要通过读取汽车油表上的刻度与指标，借助诠释学的解释获得信息。第三种关系是“它异关系”，即“人→技术—（—世界）”（伊德，2012：113），指的是并不必然借助技术指向外部世界的关系，技术从一般使用情景中脱离，作为随时随地与人交互的前景和有焦的准它者出现，这样使技术可以进入各种自由的组合中，从而构成了像游戏、艺术或体育这样的活动。第四种关系是“背景关系”，作为一种不在场呈现的技术，变成了人们经验领域的一部分，并成为当下环境的组成部分。

因此，本研究在人与技术的四种关系的基础上，提出用户认知智能技术过程中的四种认知关系。

4.3.1 用户对智能技术的认知过程

在伊德的理论中，人与技术的关系是具身关系—诠释学关系—它异关系（王辞晓，2018）。这是从用户身体使用技术的角度出发来讨论人与技术的关系。在具身关系中技术好像是人身体的一部分，技术与人的身体有直接的紧密关系。从具身关系到它异关系，技术与身体的关系越来越远。然而用户对智能技术了解的过程是从陌生到熟悉，也就是说用户与智能技术的关系是从生疏到紧密。

因此，当智能技术被发明出来后应用在智能产品中，用户通过广告、新闻等信息媒体了解到应用在产品中的智能技术或者通过在商店中接触与体验智能技术带来的新功能，这时候用户与智能技术是它异关系。随后，用户购买了智能产品并在生活中开始使用与接纳智能技术来获得指示对象或者指示世界的解释，用户与智能技术的关系是诠释学关系。之后，用户逐渐地适应将智能技术纳入自身的经验中并通过新技术来进行感知，这种关系是具身关系。伊德认为“人—技术”的第四种关系——“背景关系”中的技术是处在边缘和背景的位置上，是属于无焦关系。其他三种关系中的技术都处于实践的中心位置，是属于有焦关系（伊德，2012）。可见，“人—技术”的四种关系是从有焦关系到无焦关系。对于认知智能技术的过程来说，用户与智能技术的关系亦遵循从有焦到无焦的状态。在背景关系中，智能技术已经不处于用户的认知焦点范围内，用户已经习惯了智能技术，智能技术变成了用户经验与当下环境的一部分。所以，用户对智能技术的认知过程中的认知关系依次是：它异关系—诠释学关系—具身关系—背景关系（见图 4-15）。

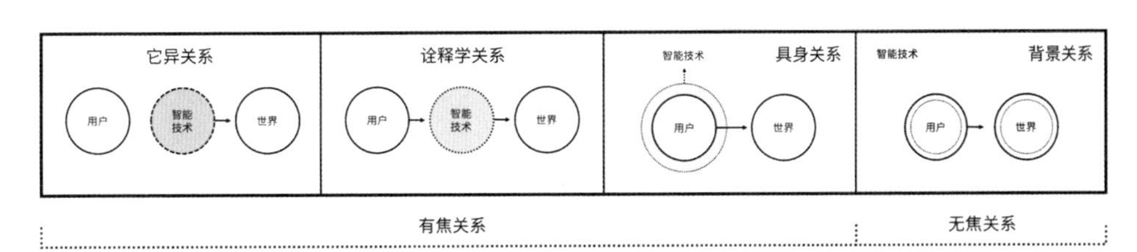

图 4-15　用户认知智能技术过程中的四种认知关系

资料来源：笔者自绘

4.3.2 用户与智能技术的四种认知关系

（1）它异关系

在它异关系中，智能技术是作为准它者出现的。当用户与智能技术有了接触后，智能技术的准它者性开始减弱；随着用户对智能技术的了解逐步加深，技术的准它者性随之变弱。例如：在刚接触智能音箱的时候，用户对智能音箱可以做哪些事情都不熟悉，语音识别技术对于用户来说就是一个会说话的它者；随着用户熟练使用智能音箱去查询天气、路线等事情之后，语音识别技术的准它者性变弱，但当智能音箱受网络影响不能使用时，语音识别技术的准它者性就会突现。因此，设计师需要通过设计减弱智能技术以及智能产品的准它者性，让用户适应智能产品的功能与使用方式。

（2）诠释学关系

在诠释学关系中，用户形成了智能技术或智能产品和指示对象或指示世界之间的关联，这种关联构成了“文本”，而“文本”与智能技术之间是相互影响的。当用户看到智能技术或者智能产品的时候，与智能技术关联的“文本”会自动呈现在用户的脑海中；当用户与他人交谈的过程中提到“文本”，用户亦会关联到智能技术或者产品。以盲人的手杖为例，在手杖出现之前，盲人需要他人的帮助才能更加顺利地出行。在手杖出现之后，盲人接受手杖作为出行的辅助用具。在接受的过程中，盲人形成了手杖与躲避障碍物之间的关联。当盲人摸到手杖时，盲人知道手杖可以帮助自己了解身体周围的物体；当盲人与家人准备出门时，盲人会选择手杖帮助自己更好地行走，避免受伤。

（3）具身关系

在具身关系中，智能技术通过智能产品已经融入用户身体的经验中并转化与拓展了用户的知觉，获得对世界新的认识。例如：在 2020 年新冠疫情中，健康码作为一种防疫产品，其用户群覆盖全国人民，与人们的生产生活紧密相连。健康码已经融入用户的经验中并拓展了用户对于周围环境以及人员健康状态的感知。无论用户去大型商场还是景区都会通过智能手机自觉地向防疫检查人员展示健康码来显示自己的健康状态。于是，作为QR-Code（Quick Response Code，全称为“快速响应矩阵图码”）的健康码与用户的状态是具身关系。

（4）背景关系

在背景关系中，智能技术变为用户生活的背景状态，用户几乎感受不到智能技术的存在。这时候，智能技术通过智能产品已经变为用户的一种生活方式。例如：智能手机已经成为人们生活中不可或缺的智能产品。在日常生活中，人们已经习惯走到哪里都随身携带智能手机。当人们使用智能手机时，关注的并不是智能手机以及智能技术本身，而是智能手机中的各种信息资讯，智能产品以及相应的智能技术已经变为人们生活中的背景一般。当智能手机出现问题或者丢失时，人们才会将认知焦点由智能手机中的内容转移到智能手机本身上。

第五章　智能产品设计思维模型构建

在前一章中，我们对智能产品设计思维的构成方面进行了研究，解析了用户和智能产品的认知活动与具身性设计要素，以及用户和智能技术之间的认知关系。因此，本章在此基础上探究用户对智能产品的智能技术的认知机制，从用户认知智能技术的视角来反观智能产品的设计。此外，本章还将对智能产品设计的维度进行探索，进而提出作为人工身体的智能产品设计模型。

5.1 用户智能技术认知模型

在智能产品快速迭代的时代背景下，用户不但需要花费更多的时间去学习与适应如何使用智能产品，而且认知智能技术的时间周期在逐渐变长。这不仅对用户的认知能力提出了新的要求，更是对设计师提出了新的设计要求，在设计过程中设计师需要了解和掌握用户对于智能技术的认知程度与状态，才能通过设计引导用户接受智能技术并提升用户认知能力，使用户适应智能产品的使用，跟上智能技术的发展速度。因此，研究用户对于智能技术的认知过程就显得尤为重要。

5.1.1 用户认知智能技术的四个阶段

在第四章的第三小节中已经探究了用户与智能技术的四种认知关系的顺序为：它异关系—诠释学关系—具身关系—背景关系。在这四种认知关系中，可以看出无论是不同用户对同种技术的认知能力有所差别，还是同一用户对不同技术的接受能力有所差别，用户对新技术认知的过程都可以划分为四个基本阶段，分别是接触、接纳、适应与固化。这四个阶段与用户认知智能技术的四种关系是一一对应的。

（1）接触阶段

在接触阶段，用户与智能技术开始产生交集，用户往往是通过智能产品与智能技术进行初次接触并逐步建立起对技术的宏观认识。1992 年，迪隆和麦克利恩（DeLone & McLean）

提出的信息系统成功模型（information systems success model），显示了信息系统的好坏影响着用户初次接受并持续使用（王文韬、谢阳群、谢笑，2014）。这个模型印证了用户对新技术的认知始于和智能产品的初次接触，之后用户每一次使用同样的产品或者不同的产品都会不断加深对智能技术的了解。与这一阶段相对应的认知关系是它异关系，智能产品对于用户来说就是个它者。所以，智能产品作为连接用户与智能技术的关键节点，其设计直接影响用户对智能技术的宏观认识以及后续相应产品的使用与购买。

（2）接纳阶段

随着用户与新技术进行了多次接触后，用户不一定接受新技术。在这一阶段，新技术对于用户来说不再陌生，但让用户接纳新技术仍需要进行磨合。例如：美国学者戴维斯（Fred D. Davis）针对信息系统使用率低的问题，在1989年提出了技术接受模型（Technology Acceptance Model，TAM），该模型展现了多种因素影响用户使用信息系统（边鹏，2012）。虽然该模型产生于信息技术的发展阶段，但是信息技术与信息系统都还不完善，用户并没有很好地接纳信息系统。如果在接纳阶段，用户通过某个智能产品接触了智能技术，但并没有接纳智能技术，这说明用户不能很好地认知智能技术应用在某个智能产品中的方式。设计师在设计智能产品的时候，就需要重新考虑智能技术的应用形式与落地场景。例如：在2011年，苹果推出与智能手机绑定的Siri引发了制作语音助手的行业浪潮（见图5-1）。尽管语音助手带来了当时看起来惊为天人的功能，比如语音查时间、查天气等，但现在看来，人们对在智能手机上搭载的智能语音助手的日常使用率并不高。根据2016年Creative Strategies的一项调查数据显示，70%的苹果手机用户很少或偶尔使用Siri，甚至还有2%左右的用户从未使用过Siri。在公共场合中使用Siri也会让用户感觉尴尬。虽然受访用户中有98%的人使用过Siri，但仅有3%的人在公共场合或其他人面前使用这款语音助手。因此，虽然使用苹果手机的用户都接触了语音识别技术，但从上面的数据可以看出大部分的苹果手机用户并没有很好地接纳苹果手机中的语音识别技术。然而，在2014年11月，亚马逊上线了一款搭载智能助手Alexa的智能音箱——Amazon Echo（见图5-2）。Echo的外形和一般的蓝牙

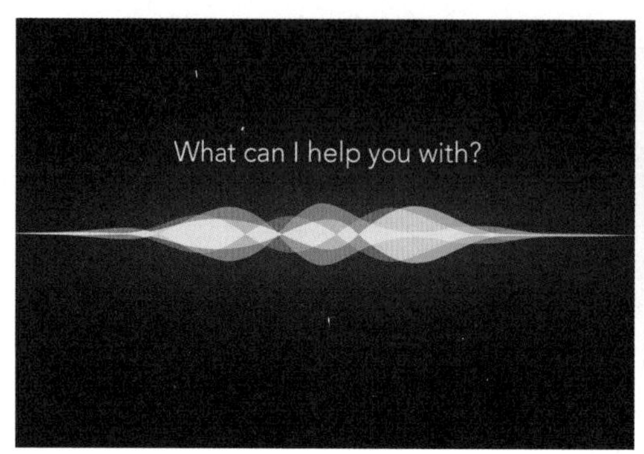

图 5-1　IOS 系统中的 Siri 语音助手
资料来源：苹果官网

图 5-2　Amazon Echo
资料来源：亚马逊官网

音箱没什么区别，也没有任何屏幕，唯一的交互方式就是语音。从 2016 年到 2019 年，全球智能音箱出货量逐年攀升达到 1.47 亿台。智能音箱受到消费者的喜爱，同样的智能语音技术，用户对智能音箱的智能技术接受度比应用智能手机上的要高。所以，设计师需要通过设计介入来加速用户与智能技术之间的磨合。

在这一阶段，用户与智能产品的认知关系是诠释学关系，用户需要与智能产品产生概念上的联系。因此，用户与智能技术逐步建立关联的过程亦是建立诠释学关系的过程。设计师则需要找到合适的设计方式将智能技术与用户的生活关联起来并形成“文本”，让用户接纳智能技术。

（3）适应阶段

在适应阶段，智能技术融入人们的生活世界中，用户已经适应了智能技术的存在。用户适应智能技术的过程也是新技术大规模应用的过程，不同的使用人群对于智能技术的适应能力有所差别，比如年轻人能更快地适应智能技术，相比较而言，老年人适应智能技术就要慢一些。所以，不同用户适应阶段的时间跨度都是不一样的。在适应阶段，用户与智能技术的认知关系是具身关系。智能技术拓展了用户的知觉。因此，在这一阶段设计师需要尝试将智能技术与不同的智能产品进行智能化融合，来拓展用户的智能化经验与知觉。

（4）固化阶段

在固化阶段，用户与智能技术的关系是背景关系。从接触阶段、接纳阶段到适应阶段，智能技术与用户的关系越来越紧密，直到固化阶段智能技术与用户的生活几乎融为一体，用户几乎感受不到智能技术的准它者性，智能技术已经固化为用户的一种生活方式，这时候智能技术是处于用户认知的无焦点状态。在这一阶段，智能技术已经非常成熟了，它不仅需要渗透用户生活的方方面面，而且需要面向更广泛的用户群体。这就要求设计师通过智能产品的设计来引导用户与智能技术进行生活方式层面的融合，并拓展智能技术的应用范围；同时让特殊用户如残障人士、高龄老人等也享受到智能技术带来的便捷生活。

5.1.2 用户认知智能技术的两个影响因素

5.1.2.1 不同认知阶段的用户群

在第一章中曾提到 1991 年杰弗里・摩尔提出了关于高科技产品的技术采用生命周期并揭示了技术应用从一类人群转移到另一类人群之间的断层。因此，在用户认知智能技术的过程中，人群因素同样影响着认知过程，不同认知阶段之间也存在“断层”。无论是从微观方面的同一用户群认知单一技术，还是从宏观方面的用户认知单一技术，在认知阶段都存在认知断层。因为从一个认知阶段到另外一个认知阶段，用户在认知智能技术的过程中可能会遇到困难。对于不同的用户群和技术，认知断层的程度都是不一样的。比如在刚使用搭载触控屏技术的智能手机时，年轻人可以在使用几次或者多次后接纳触摸屏的使用方式，快速地跨越认知断层。但对于老年用户来说，其认知功能随着年龄增长在逐渐衰退。老年人在使用触摸屏时可能会遇到一些障碍，并且他们通过一段时间的频繁使用也不一定能较好地接纳其使用方式。老年用户不仅对触控屏技术的认知断层程度要比年轻人高，而且跨越认知断层的速度慢、可能性低。

技术采用生命周期还显示了在认知技术的过程中，用户的分布是不均衡的。因为不同的用户对于智能技术的认知能力是有差别的。所以，在用户认知智能技术的四个基本阶段中，智能技术应用在智能产品的范围是逐渐扩大的，用户数量也是在逐步递增。在接触阶段，智能技术应用的范围非常有限，仅有少量的智能产品应用了智能技术，与此同时特定用户群体通过使用智能产品与智能技术有了接触。例如：QR-Code 是由日本 DENSO WAVE 公司发明的，最初 QR 码应用在日本汽车零部件制造厂的生产管理系统中，为了便于追踪零件而使用。那时候 QR 码的用户是制造厂的工作人员，而不是普通大众。从接受阶段到固化阶段，智能技术应用的产品范围逐步扩大到人们生活的各个领域，其使用者也由最初的特定用户群体扩展到普通大众。

5.1.2.2 双重情境影响用户认知智能技术

用户在认知智能技术的过程中，除了受到用户自身认知能力的影响，还会受到使用情境与文化情境之双重情境的影响（伊德，2012）。首先，用户的认知受到智能产品所处当下使用情境的影响，智能技术跟随智能产品被其使用情境所“定义”。其次，文化情境不仅影响用户对于智能技术的认知形成，而且还“塑造”了处在其中的智能产品。因为智能技术不一定完全融入不同的文化情境中，这就造成在不同地域的文化情境中，用户形成的智能技术认知是不一样的，同时智能技术催生出来的产品也是不同的。例如：QR-Code 在日本与中国的文化情境中，应用的产品有相同也有不同，其中差别较大的产品是二维码支付。虽然 QR-Code 产生于日本，但是 QR-Code 用于支付的功能并没有在日本普及，反而在中国广泛使用。这是因为中日在消费习惯、金钱观念和法律方面有很大的不同。在日本，人们出门必须带现金或者信用卡，这是因为不仅日本拥有良好的信用卡使用环境，而且有相当一部分日本人的消费习惯就是出门只带现金。因此，智能技术受到嵌入文化时文化情境的影响，用户通过被“塑造”的智能产品形成带有当下文化情境的智能技术认知。

5.1.3 用户认知智能技术的三个层面

在认知智能技术的过程中，用户并不是孤立的存在。根据具身认知理论，用户的身体是嵌于环境的，用户的认知形成是身体与环境交互作用的结果。因此，在用户认知智能技术的过程中，除了技术维度，还有面向环境的维度。当智能技术被发明出来后，人与智能技术开始“交互”并产生产品。用户通过使用处于使用情景中的智能产品与环境进行交互并产生对智能技术的认知。然而由于互联网技术、增强现实技术（Augmented Reality，AR）、虚拟现实技术（Virtual Reality，VR）等技术的发展，现如今人们所处的环境又分为真实环境与虚拟环境。因此，除了用户认知智能技术的四个阶段，还有环境维度的三个层面，包括用户层、产品人工体层与使用情境层。

（1）用户层

用户层是接触或使用智能技术的人群。在认知智能技术的过程中，用户是通过自身身体来认知的。用户层是三个层面中的基本层。此外，在不同的认知阶段，用户层涉及的人群可能都是不一样的。因此，用户层包括在第四章分析的用户身体四要素——感知身体要素、文化身体要素、从属身体要素与延展身体要素。通过这四个要素，设计师就可以对处于不同认知阶段的用户进行分析与比较，并发现用户在认知智能技术的过程中的发展趋势。

（2）产品人工体层

产品人工体层是由人与智能技术交互作用产生的智能产品的人工体组成。在用户认知的不同阶段中，智能技术应用于不同的智能产品，用户通过使用不同智能产品，加深了对智能技术的认知。因此，产品人工体层包含了不同的智能产品，并且人工体层涉及在第四章讲述的智能产品人工体四要素。在面向真实与虚拟环境维度中，产品人工体层又分为产品真实人工体层与产品虚拟人工体层。产品虚拟人工体层包括智能产品的虚拟人工体要素，产品真实人工体层则包括感知人工体要素、文化人工体要素与从属人工体要素。设计师通过这四个要素可以对不同的智能产品进行逐一解析，为后续智能产品设计的智能技术选择提供了决策基础。

（3）使用情境层

在使用情境层中，包括了真实使用情境层和虚拟使用情境层。真实使用情境层是指用户使用实体产品的情境。虚拟使用情境层则是用户使用智能产品过程中涉及的虚拟环境。使用情境既是环境的一部分，又与用户、智能产品紧密相连。在上一小节讲到作为双重情境之一的使用情境影响用户认知智能技术，用户正是通过使用处在使用情境中的智能产品而形成对智能技术的认知。使用情境“定义”了应用在智能产品中的智能技术。比如二维码技术在中国被广泛应用，其中 QR–Code 是应用较为广泛的一种二维码。在中国长期生活的人群，当看到便利店、小卖店等微型商户的二维码时，就知道可以进行移动付款，这里的二维码是作为一种无线支付的方式；当看到路边的共享单车时，人们知道通过智能手机扫描二维码就可以使用单车，二维码是自行车的“钥匙”。在共享单车出现以前，用户对于二维码的认知在于消费（付款）、社交（微信加好友）等使用情景；当共享单车采用了二维码技术，用户通过使用单车了解到二维码不仅局限于上述使用情景，还可以应用在出行情景中。二维码技术本身可应用的范围并不局限于此，设计师不断地通过设计进行挖掘并拓展了二维码技术的使用情境。当二维码技术每一次应用在其他产品中时，产品的使用情境更新了其“定义”，与此同时用户对于二维码技术的认知也在逐步拓宽。

如上所述，在用户认知智能技术的四个基本阶段，每一个阶段都存在面向环境维度的三个层面。

5.1.4 TAAB 模型

通过前面分析的用户认知智能技术的四个基本阶段、两种影响因素、三个层面，可以得出这三个方面之间的关系模型。用户在认知智能技术的过程中，技术维度是核心，因此，以下研究将四个基本阶段“接触—接纳—适应—固化”对应的英文单词“Touch—Accept—Adapt—Become”简称为“TAAB”。

5.1.4.1 TAAB 基础模型

用户认知智能技术的四个基本阶段，结合人群与文化情境的影响因素，构成了用户智能技术认知基础模型，简称 TAAB 基础模型（见图 5–3）。该模型为双圆结构，黑色实线圆形表示为“人”，红色虚线圆形表示为“技术”，“人”与“技术”的交集区域表示为“智能产品”。TAAB 基础模型实际上是一个动态变化的模型。人类认知智能技术的过程也是接受技术的过程。由此，技术的红色虚线圆形是从右往左移动的。首先，人与技术的两个圆形首次交汇的地方为接触阶段（见图 5–4）。在接触阶段，用户首次接触智能产品与体验智能技术。如果用户多次接触后开始接纳智能技术，技术的圆形区域会向左移动，否则人与技术的关系则维持现状。其次，随着技术圆形区域的移动，智能技术开始应用在不同的智能产品中，接纳智能技术的用户开始变多。事实上，用户从一个认知阶段到另外一个认知阶段之间是存在认知断层的，表示在模型中为黑色虚线。再次，随着越来越多的用户接纳了智能技术，智能技术趋于成熟，开始大规模应用在各种各样的智能产品中。最后，智能技术应用的各种智能产品已经固化为用户的一种生活方式，用户在日常生活中对于智能技术习以为常。

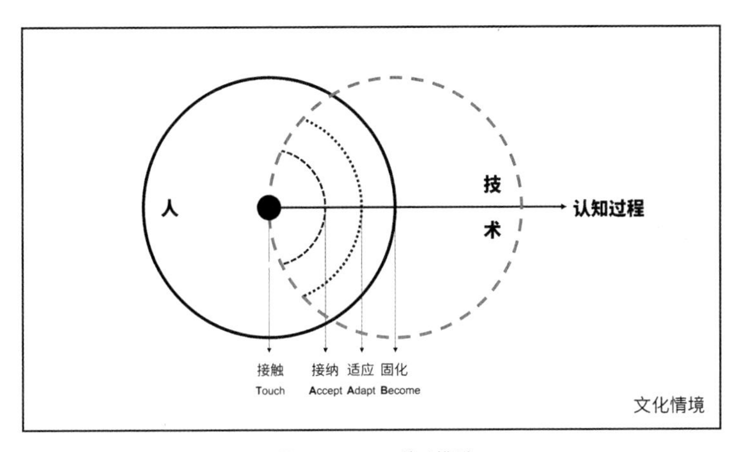

图 5–3　TAAB 基础模型
资料来源：笔者自绘

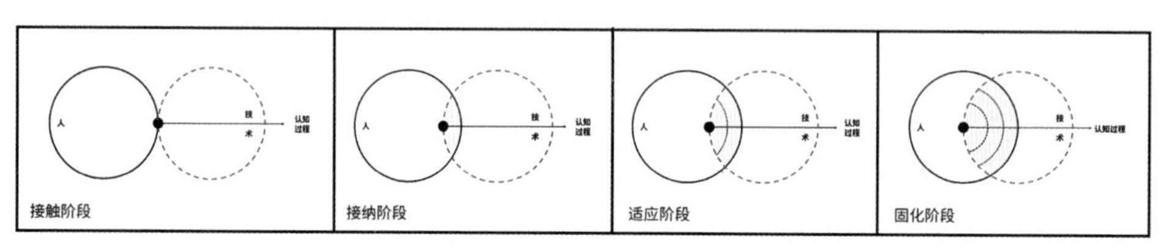

图 5-4　TAAB 基础模型的动态变化形式
资料来源：笔者自绘

此外，TAAB 基础模型既可以面向不同的用户群，也可以面向同一用户群来解析如何更好地迭代智能产品设计与研发新的智能产品。

5.1.4.2 TAAB 子模型

事实上，当人接触了智能产品的智能技术并开始使用智能产品，人就转变成智能产品的用户。因此，用户认知智能技术的三个层面就是 TAAB 基础模型的双圆结构的交汇区域。于是，在 TAAB 基础模型的基础上，搭建了面向环境维度的用户智能技术认知子模型，简称 TAAB 子模型（见图 5-5）。该模型的横轴为 TAAB 基础模型，纵轴为面向环境维度的三个层面，

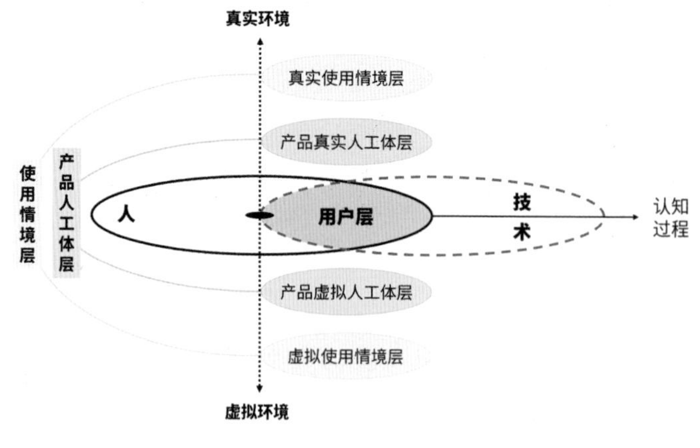

图 5-5　TAAB 子模型
资料来源：笔者自绘

其中的核心层为用户层，产品人工体层与使用情境层朝向真实环境与虚拟环境依次排开。此外，用户层与产品人工体层分别涵盖了用户身体的四要素与智能产品人工体四要素，用户层、产品人工体层与使用情境层之间彼此相互影响。因此，用户认知智能技术的每一个阶段都包含了三个层面，随着 TAAB 基础模型的动态变化，TAAB 子模型也随之发生变化，形成了“用户—智能产品（智能技术）—使用情境”的整体结构。

综上所述，TAAB 基础模型呈现了用户宏观认知智能技术的四个基本阶段以及影响因素，TAAB 子模型则展现了用户在每个阶段通过三个层面对智能技术产生微观认知，由多个微观认知组合而形成了用户对智能技术的宏观认知。因此，TAAB 基础模型和 TAAB 子模型共同组成了用户智能技术认知模型，简称 TAAB 模型。

在设计的过程中，TAAB 模型可以在设计前期帮助设计师从分析关于智能技术的用户认知现状、把握智能产品设计方向、探索设计更多可能性这三方面快速清晰地抓取智能产品设计灵感并形成设计概念，而不仅仅是随波逐流地将前沿智能技术应用在某个智能产品设计中。TAAB 模型不仅为智能产品设计在设计定义方面提供了更广阔的思路，而且为设计师在选择与应用智能技术方面提供了更为严谨的决策依据。

5.2 智能产品设计四维模型

5.2.1 主动与被动的人工体

在第三章曾讲述智能产品人工身体的重要性，不仅智能产品的智能需要“身体”，而且智能产品是作为一种人工身体而存在的。因此，在形成设计概念的过程中，首先要确定智能产品人工身体的设计。智能产品其他方面的设计都是在智能产品人工身体的基础上展开的。

在第四章中讲述了智能产品的人工身体四要素的基本概念，包括感知人工体要素、文化人工体要素、从属人工体要素与虚拟人工体要素。这些人工体要素实际上体现了智能产品人工体的两个方面：主动人工体与被动人工体。在主动人工体方面，作为类似认知主体的智能产品，需要相对独立与主动地代表人类去认识世界。感知人工体要素与虚拟人工体要素则体现了智能产品的主动性。具有感知人工体要素的智能产品，其主动人工体被设计为主动感知用户需求与周围环境，从而使产品自主地进行某些操作。具有虚拟人工体要素的智能产品及时与其他智能产品进行互联互通，比如智能摄像机将感知到的人或宠物主动地以短信或短视频的形式告知用户。这时智能产品的人工身体是主动人工体。

在被动人工体方面，智能产品的文化人工体要素、从属人工体要素与虚拟人工体要素皆展现了智能产品的被动性。被人类文化塑造和从属于用户的智能产品是一种被动人工体。此外，智能产品的虚拟人工体要素除了包含主动人工体，还包含被动人工体。当用户对智能手机中的其他智能产品的虚拟人工体（App）进行操作时，其他智能产品是属于被操作的，这时其他智能产品的人工体是被动的。

智能产品的主动与被动人工体并不是将人工体一分为二，而是人工体的两个不同的面，彼此是可逆的。也就是说，智能产品的人工体既是主动的，也是被动的。智能产品并不是仅具有主动人工体，还具有被动人工体。由此，设计师在设计智能产品的过程中，既需要关注主动人工体的设计，也要对被动人工体进行设计。

5.2.2 多种动态的情境

5.2.2.1 情境的动态变化

智能产品的人工体所处的情境是千变万化的。根据智能产品具身十要素，智能产品的情境具有六个要素，包括自然情境要素、社会情境要素、文化情境要素、身体情境要素、智能体情境要素与虚拟情境要素。实际上，这六个要素都不是静态的，而是动态变化的。从历史的角度来看，社会和文化情境要素是发展的，但是与智能产品更新迭代的速度相比是相对静止的。当然社会和文化情境也会突然发生变化，带来人们生活翻天覆地的变化，比如突发公共卫生事件——新冠疫情。随着新冠疫情的常态化，口罩成为人们日常出行的必需品。这是因为佩戴口罩依然是避免感染新冠病毒的有效手段。针对这一突发的社会和文化情境，2021年 AirPop 公司在消费电子展 CES 中推出了名为“Active+ Halo”的智能口罩（见图 5-6）。这款口罩内嵌传感器，通过蓝牙与智能手机连接，能够监测用户所在地的空气质量，并追踪用户在出行过程中与呼吸相关的数据，比如呼吸频率等。同时，这款智能口罩根据用户的活动、出行方式和位置记录用户的呼吸，并显示实时的防护级别提醒用户。这款智能口罩监测的用户所在地的空气质量并不是保持在同一水平，自然情境是一直处在变化的状态，而且用户的

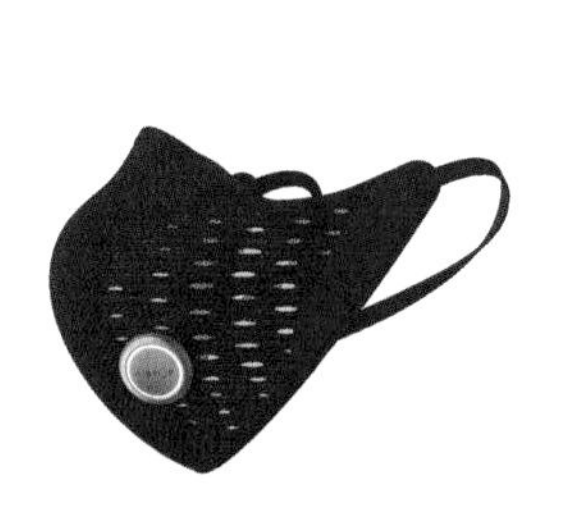

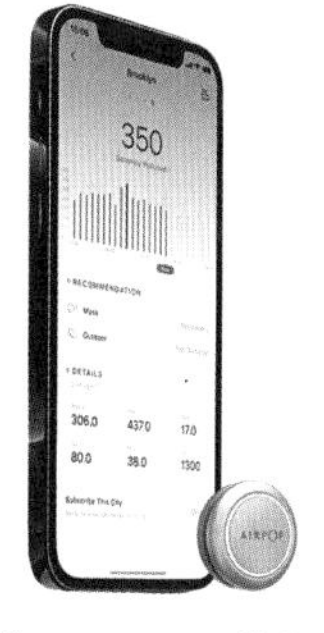

图 5-6 “Active+ Halo”智能口罩
资料来源：AirPop 官网

呼吸数据也并不是一成不变的，而是动态变化的。根据这两个动态变化的自然情境与身体情境要素，AirPop公司进行了智能口罩设计。这款智能口罩的情境要素还涉及智能体情境要素，智能口罩与智能手机相连，用户通过相应的App可以查看空气质量历史与个人呼吸数据。这个智能口罩的设计将感知到的自然情境与身体情境要素变化，以相应的数据通过易于理解的虚拟情境呈现给用户，而这个虚拟情境的设计也是随其他情境要素变化而变化的。

因此，智能产品的情境是动态的，智能产品的设计需要关注这些动态的情境，有针对性地进行设计，而不能将情境视为静态的来做智能产品设计。因为设计问题正是在这些动态情境中产生的。

5.2.2.2 多种情境的组合方式

智能产品的情境与传统产品相比，不仅是动态的，而且是多种情境并存的。在找寻解决设计问题的设计方案时，传统产品设计所涉及的情境较为单一，比如厨房、书房、办公环境等。然而智能产品所面对的设计问题更加复杂多变，设计问题涉及的情境既是动态的，又是多种情境组合而成的。智能产品多种情境的组合方式包括多种情境并列的组合方式与大小情境组合方式。

（1）多种情境并列的组合方式

一些设计问题涉及的智能产品情境是多种情境并列的。也就是说，多个情境之间是并列的关系，智能产品的多个情境是依次出现的。例如：设计主题为“产品如何监测用户运动时的心率？”传统产品——健身器材将人手经常握住的地方设计为测量用户心跳的区域，用户在使用特定健身器材时握住测量心跳的区域便可进行心跳监测。这时产品的情境设定为使用特定健身器材这个单一情境。但在实际运动过程中，用户可能会使用多种器材进行健身，仅有部分健身器材设计了测量心跳的区域；而且测量心跳的区域位置设计也不一定适合所有人在运动时使用。因此，Apple Watch则设计为根据用户运动项目的不同对其进行心率的持续监测，并且在用户运动结束后继续监测用户的心率恢复状况3分钟。从用户开始运动到运动结束后的心率恢复期，用户运动的各项情境是依次出现的。

（2）大小情境的组合方式

在面对复杂情境时，智能产品的多种情境不一定是并列出现的，而是大情境中包含着各种小情境，大小情境同时存在。例如：2020 年 4 月，美国斯坦福大学研究人员在 *Nature* 子刊发表了关于一套可安装的智能马桶系统的文章，该系统通过安装在传统马桶上的软硬件来

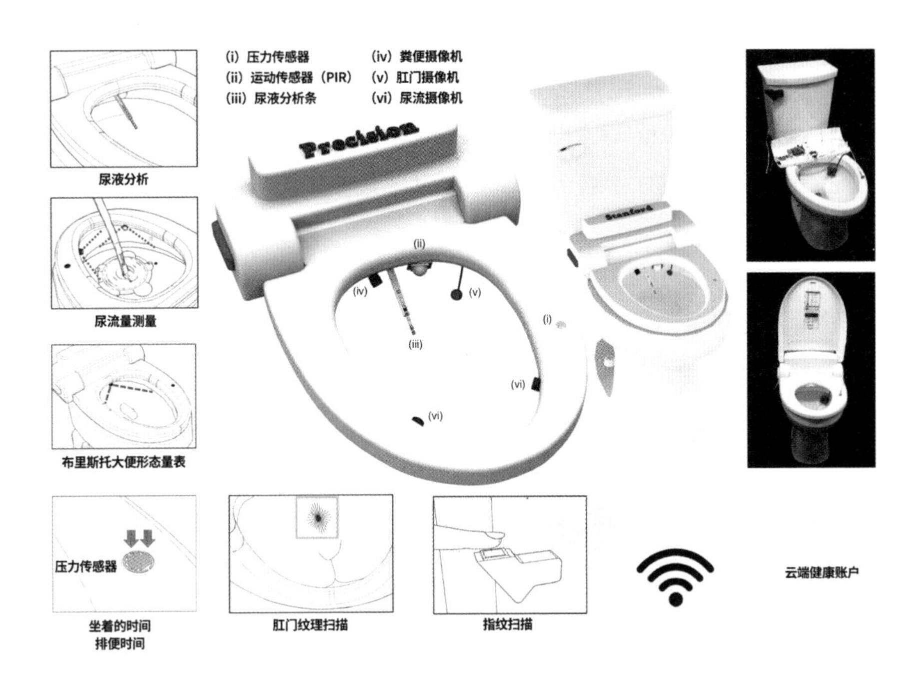

图 5-7　斯坦福大学的智能马桶系统[1]原理图

资料来源：Park，S.-M.，Won，D. D.，Lee，B. J.，et al. A mountable toilet system for personalized health monitoring via the analysis of excreta. Nature Biomedical Engineering，2020，4（6）.

① 该马桶系统包括：（1）带有可伸缩药盒并基于具有 10 种参数测试条的尿液分析；（2）计算机视觉尿流测定法，配有两个高速摄像机；（3）通过深度学习进行粪便分类；（4）通过马桶坐垫下的压力传感器来检测排便时间；（5）双生物识别，包括肛门纹理识别和冲洗手柄上的指纹识别；（6）通过无线通信将所有数据传输到基于云的健康门户系统。

追踪男性用户的排泄物，从而监测用户的健康状况并为其疾病筛查、诊断和患者的监控提供支持（Park et al.，2020）（见图 5-7）。在这套智能马桶系统的使用过程中，产品通过多种情境的设计来监测用户排泄过程与排泄物，从而形成多维度的用户身体数据。在用户排便的大情境中，智能马桶的多个小情境同时进行。智能马桶通过对用户坐在马桶上的压力检测感知用户的排便时间，而且马桶能够对用户肛门纹理和指纹进行识别从而匹配用户特定的健康数据。随后，马桶通过摄像头对用户的粪便进行分类。在排便的大情境中，用户坐在马桶上的情境与用户身份识别的情境是同时进行的，而对用户粪便的观测情境则紧随其后。

所以，智能产品的情境是多种情境并存。设计师在面对复杂的设计问题时要对智能产品所处情境进行拆解，对不同的情境分别进行设计，而不是仅当作一个整体的情境来考虑设计方案。

5.2.3 人造行为形式

智能产品的行为是智能产品人工体的两项基本活动之一，涉及两种人造行为形式，包括反馈行为形式和自主行为形式。反馈行为形式是部分传统产品与智能产品所具有的，比如用户对产品进行操作，被设计的产品给予用户一定形式的反馈，以方便用户了解其操作是否正确以及产品功能是否正常运转等。例如：一般情况下，用户通过按钮打开抽油烟机时，抽油烟机通过相应的声音和灯光提示让用户知道抽油烟机已被开启。抽油烟机是在用户对其进行操作时给予相应的反馈行为来表示产品的运行状态的。

自主行为形式则是智能产品所独有的一种人造行为形式。在用户未对智能产品进行任何操作之前，智能产品主动感知用户的存在，并预判用户的行为从而进行相应的操作。智能产品的自主行为形式配合机器学习等人工智能技术使得智能产品学习用户习惯成为可能。所以，对于智能产品行为的设计，实际上是设计师在设计智能产品与用户、智能产品与智能产品之间人造行为的目的，根据人造行为的目的选择人造行为形式，并设计人造行为形式的呈现方式，如 AirPods 从蓝牙耳机盒中取出，旁边的 iPhone 手机界面立即显示关于耳机的界面信息，这是 AirPods 的自主行为形式在智能手机中的呈现。

5.2.4 人工知觉的信息内容

除了智能产品的人造行为形式，智能产品的人工知觉也是智能产品人工体的两项基本活动之一。智能产品的人工知觉是指人造的近似人类的知觉。根据具身认知理论的早期倡导者詹姆斯·吉布森的观点，“信息通常并不是走向你，而是必须去主动地猎取”（夏皮罗，2014：39）。智能产品通过人工知觉感知来自情境中的刺激，刺激则包含了丰富的情境信息。这里的情境信息内容不仅包括自然环境这样的情境信息，还包括处在情境中的用户和其他智能产品的信息。

智能产品人工知觉的自然情境信息内容，包括智能产品所处环境的温度信息，如室内室外的气温、湿度、空气中含有 $PM_{2.5}$ 的浓度等；不同物体之间的距离和物体本身的尺寸信息，比如 iPhone、iPad 的摄像头可以测量真实世界的物体尺寸和人的身高，智能设备在用户手中被设计成“卷尺”，轻松获得周围环境的距离信息（见图 5-8）。

此外，人工知觉的情境信息内容还包括用户、智能产品本体与其他智能产品的信息。处在情境中的用户信息内容涉及用户语言的语音与语调、行为动作、身体的生命体征、活动路线与位置信息等。智能产品人工体本体信息内容包括智能产品的功能运行状态、故障警报、电池含电量、来自其他智能产品的信息传递等。其他智能产品信息内容则涉及不同智能产品之间的信息关联、传递与呈现。

因此，智能产品人工知觉的信息内容来自情境中的用户、智能产品本体与其他智能产品。设计师通过对智能产品所能感知的情境信息内容进行设计，从而形成智能产品的人造行为形式，进而与用户进行更自然的交互。

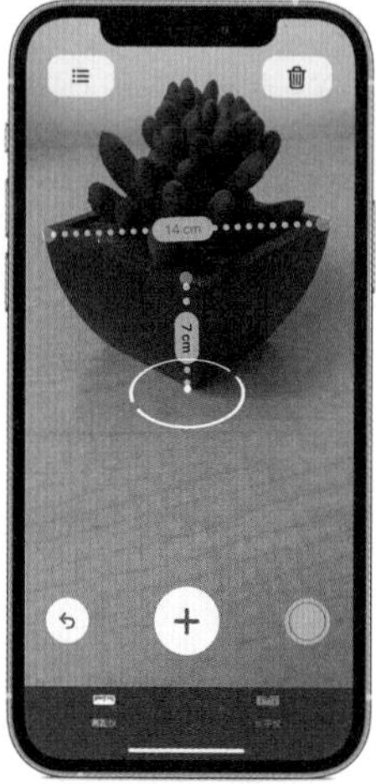

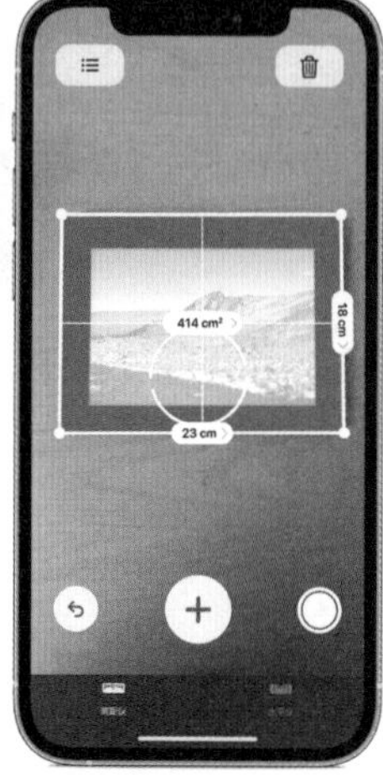

图 5–8 iPhone 上的测距仪 App

资料来源：苹果官网

5.2.5 四维设计模型

通过前面对智能产品设计的四个维度结合相应的智能产品设计案例进行解析，发现“人工身体、情境、人造行为与人工知觉”这四个维度之间是彼此关联与彼此影响的，由此得出智能产品设计四维模型（见图 5–9）。

这个模型的基础维度是智能产品的人工身体。作为人工身体的智能产品的设计实际上就是对人工身体的设计与构想。由于智能产品的人工体内嵌在情境中，人工体与情境彼此之间相互影响，模型以虚线表示两者之间的内嵌关系，虚线的距离则呈现了人工体与情境之间的相互作用。因此，智能产品主动与被动人工体设计正是在多种动态的情境中构成的。人造行为与人工知觉作为智能产品人工体的两种基本活动在人工体与情境相互作用的基础上彼此相互影响与展开。智能产品的人工知觉感受到来自情境的刺激，从而引导人造行为采取相匹配的人造行为形式设计应对情境的刺激。人造行为的设计决定了人工知觉所能感知的信息内容

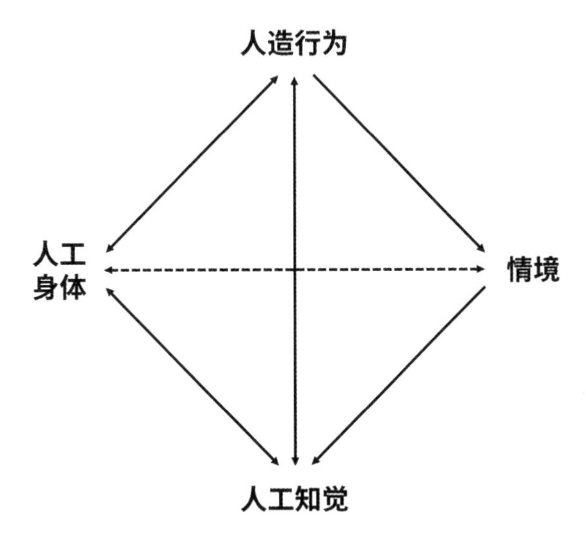

图 5-9　智能产品设计四维模型图
资料来源：笔者自绘

的设计。

所以，智能产品设计需要从这四个维度出发，并且在设计过程中考虑四个维度之间相互影响的关系。

5.3 模型应用

5.3.1 TAAB 模型应用——以 QR-Code 为例

TAAB 模型在设计前期帮助设计师对用户认知智能技术的过程与影响因素进行解析。但目前人工智能技术在人们生活领域的应用才刚刚起步。因此，本研究选择了已经在人们日常生活中广泛应用并与智能产品紧密相连的 QR-Code 技术来对 TAAB 模型进行分析，进而论证 TAAB 模型的可实施性与可操作性。

QR-Code 是 1994 年由日本 DENSO WAVE 公司发明的。QR-Code（Quick Response Code，全称为“快速响应矩阵图码”）最初是为了提高汽车零部件的管理效率而研发的。QR-Code 技术在全球范围的应用广泛，且在不同的国家应用的程度都是不一样的。QR-Code 技术的应用在中国发展迅速，因此，笔者选择中国范围内 QR-Code 技术的应用，运用 TAAB 模型对中国范围内的用户 QR-Code 技术的认知现状进行梳理与分析。

5.3.1.1 TAAB 基础模型应用

中国范围内的 QR-Code 技术应用始于 2005 年中国移动的手机二维码业务，部分中国用户开始与二维码技术有了接触。在 2006 年，国内已经开始出现二维码应用，但当时的文化情境是智能手机并不普及，移动网络资费高，用户并未养成使用手机二维码业务的习惯。2009 年铁道部改版铁路车票，将 QR-Code 作为车票的防伪措施。这时大部分人实际上通过车票已经接触了二维码技术，尽管车票所有者并不是真正使用二维码技术的用户，但人们通过车票已经对二维码有所了解。

随着智能手机的出现以及 3G 时代的到来，2011 年支付宝设计了一种用 QR 码进行付款的方式；同年 12 月，微信把扫描二维码设计为添加好友的方式。用户对 QR 码技术的认知已由接触阶段向接纳阶段迈进，使用 QR 码技术的用户开始变多。2012 年中国二维码市场爆发，支付宝推出二维码支付业务，微信推出“扫一扫”功能。2014 年微信开启支付功能。这时针对 QR 码支付的设备也相应出现，如意锐小白盒等。

2016年QR码技术的文化情境是智能手机的渗透率已达到75%，用户对需要配合智能手机使用的QR码技术接受度越来越高。紧接着在2016年QR码被设计为共享单车的“钥匙”进一步拓展了QR码的应用范围，用户对QR码的认知已由接纳阶段进入适应阶段，因为QR码的应用不仅深入用户的每日消费，而且进入每日出行领域。用户对二维码的认知也由付款、社交等方面拓展到出行方面。这时候，QR码技术已经深入用户的日常生活中，但仍有部分人群如老年人等因智能手机的使用不方便并没有接纳QR码技术。但突如其来的新冠疫情改变了这一现象，2020年2月杭州推出了健康码，通过二维码的颜色不同辨别人们是否具有高感染的风险。随后QR码作为健康码在全国普及，截至2020年5月5日，腾讯防疫健康码覆盖了中国10亿人口。这时候的二维码已作为人们日常出行的通行证，对二维码的使用实际上渐渐地变为人们的一种生活方式。人们对于QR码技术的认知也由日常出行方面拓展到健康出行方面。

所以，在图5-10中通过运用TAAB基础模型对QR码技术在中国发展历程的梳理（见附录2），可以看出智能手机普及的文化情境促使QR码技术在中国快速发展以及加速了用户对QR码技术的认知。

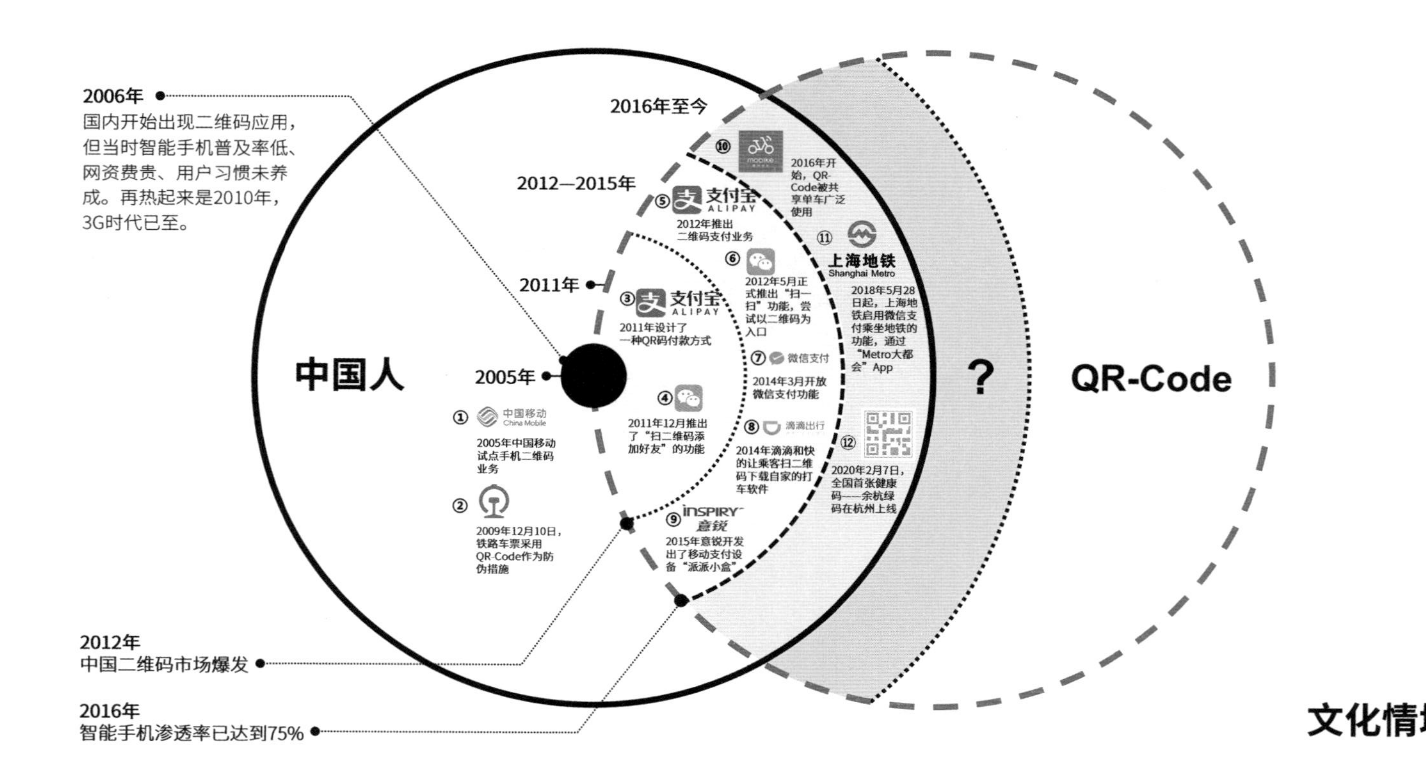

图 5–10　TAAB 基础模型应用图
资料来源：笔者自绘

5.3.1.2 TAAB 子模型应用

在形成对 QR 码技术现状的宏观认识基础上，运用 TAAB 子模型对用户如何从三个层面形成对 QR 码技术的微观认知进行解析。在图 5-11 中可以看到 QR 码技术在每个认知阶段的用户群变化，从接触阶段面向少数消费者和特定工作人员，到接纳阶段的一般消费者、商家与乘客，再到适应阶段的所有人。图 5-12 则显示了技术应用的产品变化，从接触阶段的纸质产品、接纳阶段的智能手机与移动支付设备到适应阶段的智能共享单车。由此可以看出，QR 码技术被设计应用在与人们生活密切相关的智能手机与智能共享单车上，从而带来的生活便利让用户迅速接纳了 QR 码技术。在图 5-13 中展示了 QR 码技术应用的智能产品的使用情境变化，从接触阶段的特定情境，接纳阶段的消费情境（付款与收款）、社交情境、出行情境与宣传情境，再到适应阶段覆盖用户的所有出行情境。

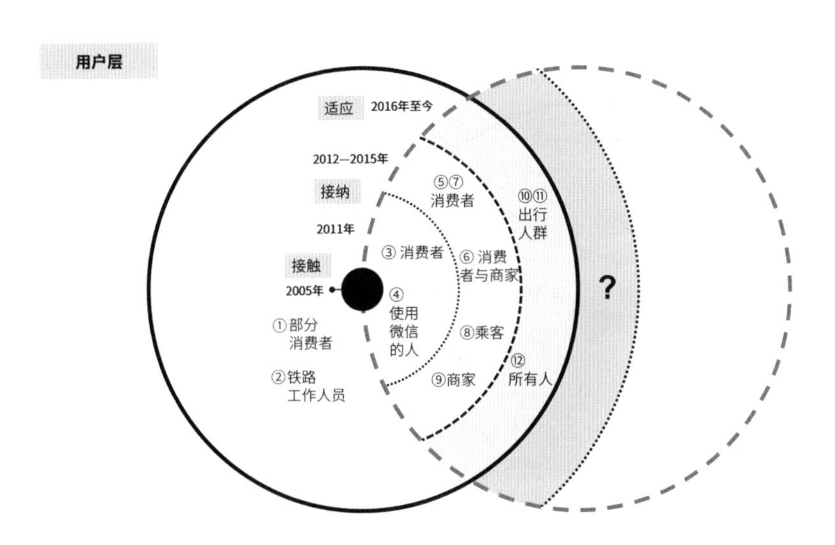

图 5-11　TAAB 子模型应用图——用户层
资料来源：笔者自绘

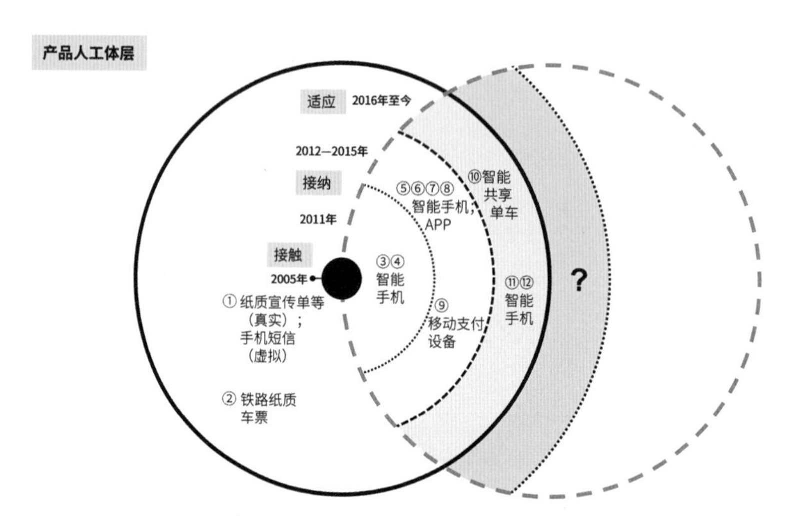

图 5–12　TAAB 子模型应用图——产品人工体层
资料来源：笔者自绘

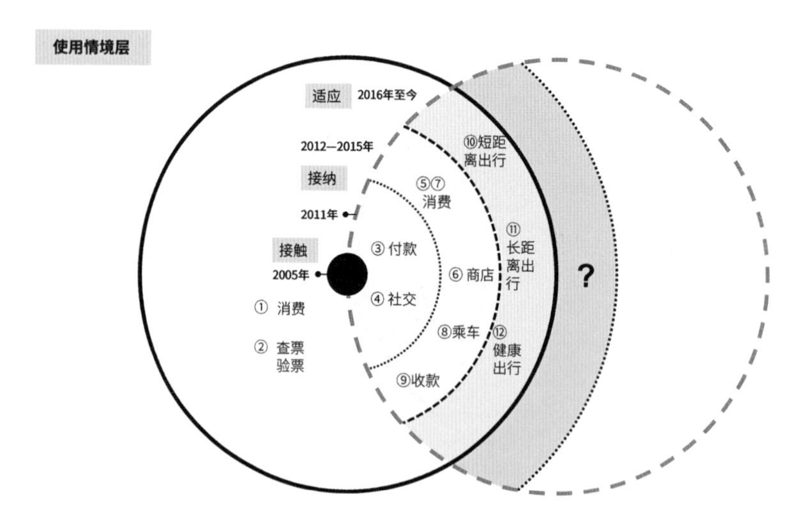

图 5–13　TAAB 子模型应用图——使用情境层
资料来源：笔者自绘

因此，从用户层、产品人工体层与使用情境层对用户认知进行分析，可以得出 QR 码技术面向的用户群趋于饱和，技术应用的智能产品种类却还有很大的设计空间，产品所涉及的使用情境也还有空间可以进行设计。设计师可以从产品人工体层和使用情境层入手进行设计。在设计智能产品过程中，考虑 QR 码技术应用的切入点从而带来智能产品使用体验的提升。

5.3.2 四维设计模型应用——以智能坐便器为例

智能产品设计四维模型是在形成了明确的设计概念后帮助设计师进行智能产品设计的，同时帮助设计师对智能产品进行设计分析，为后续智能产品设计提供一定的思路。因此，笔者选择以智能家居生活中的消费“新星”产品——智能坐便器为例，对四维设计模型进行应用，并验证其可行性。根据国家最新标准，智能坐便器是由机电系统控制，完成包含温水清洗功能在内的一项及一项以上基本智能功能的坐便器。在日常生活中，智能坐便器也可称为“智能马桶”或者“电子坐便器”，其最早出现于美国。下面以 TOTO 诺锐斯特（NEOREST）智能全自动一体型电子坐便器为例，解析智能产品的四个维度是如何设计的。

其一，诺锐斯特智能坐便器的人工体包括主动人工体和被动人工体。当用户靠近智能坐便器时，产品主动人工体被设计为感知到用户的存在，从而打开坐便器盖子、亮起柔化的灯光和加热坐便盖。因为便后清洗身体可以有效降低痔疮的发病率，所以坐便器的人工体被设计具有清洗用户身体的功能。当用户如厕结束后，坐便器自动对用户身体进行清洗，水洗后吹出暖风让用户身体保持干净与干燥。这是一种文化的、被动的人工体。

其二，智能坐便器的情境是多种的、动态的情境。放置在家中的智能坐便器并不是只给一个人使用，而是一家人在使用。不同性别、年龄的用户对于清洗位置的需求是不一样的，智能坐便器将喷头设计为可以自由调节且具有 5 挡的水流调节功能，来满足不同用户的需求或同一用户的动态需求。此外，用户使用智能坐便器的情境是多种情境并列的组合方式。诺锐斯特智能坐便器将用户使用产品的全过程进行情境划分，分为使用前、使用中（坐着）、如厕后站立与使用后，并根据每一个不同的情境进行有针对性的设计（附录 3）。

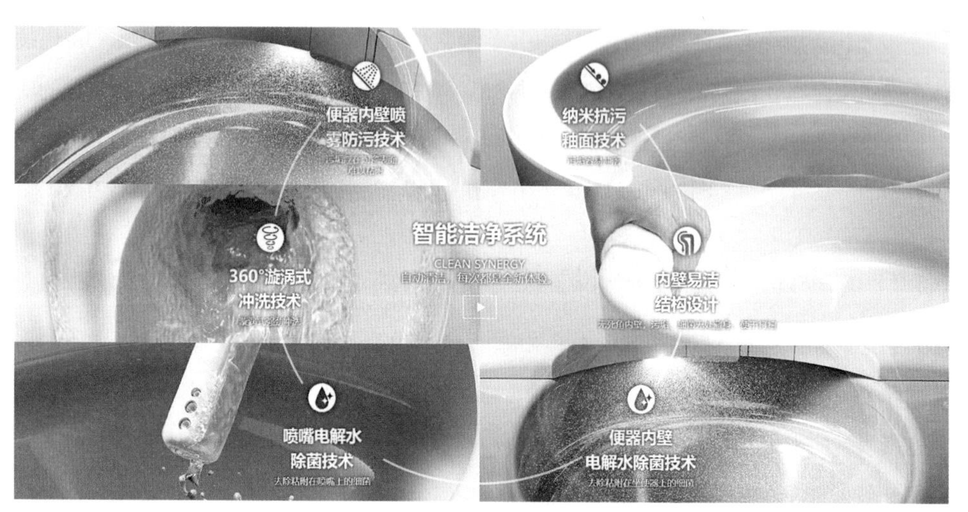

图 5-14　TOTO 智能洁净系统

其三，智能坐便器的人造行为包括反馈行为形式和自主行为形式。用户在如厕完后站起，对于智能坐便器来说就是被用户使用完毕，智能产品设计了自动冲洗马桶，这是反馈行为形式的设计。然而当智能坐便器自主感知到人工体 8 小时没有被人使用时，智能产品被设计为能够自动喷射出雾状的电解除菌水来防止马桶内的细菌繁殖（见图 5-14）。这是对智能坐便器自主行为形式的设计。

其四，智能产品人工知觉的情境信息内容包括用户与智能产品之间的距离和用户身体的动作信息。当用户靠近智能坐便器一定的距离时，智能坐便器即可感知用户的存在。因此，人工知觉的距离信息是由设计师去设定的，既不能设定距离智能产品太近，又不能距离智能产品过远。此外，智能产品还知觉用户坐在马桶上、站立、离开马桶等用户身体的动作信息，进而设计智能坐便器相应的行为形式与用户进行交互。

尽管笔者按照智能产品设计的四个维度分别对 TOTO 智能坐便器进行设计分析，但在实际的设计过程中思考智能产品的设计方案，这四个维度并不是彼此孤立的，而是应从彼此影响与彼此关联的角度去思考。所以，智能产品设计四维模型提供了设计师思考的空间，而不是让其遵循传统产品的设计思路与设计思维进行智能产品设计。

第六章　智能产品设计方法构建及应用

在第五章阐述的 TAAB 模型和智能产品设计四维模型的基础上，本章对智能产品设计方法进行研究，试图提出智能产品设计的基本方法、设计工具与设计流程，并通过虚拟项目和教学项目的设计案例来验证智能产品设计方法的实用性。

6.1 智能产品的设计分析法

在整个智能产品设计的过程中，需要不断地从不同角度对智能产品与用户进行分析。因此，提出了智能产品设计分析法，这个分析法是面向智能产品设计的整个过程，包括以“人—环境”为中心的设计分析、主动性设计分析与动态化设计分析。

6.1.1 以“人—环境”为中心的设计分析

早在 2002 年，唐纳德 · A. 诺曼在《设计心理学 1：日常的设计》中提到“以人为本的设计是一种设计理念，意味着设计以充分了解和满足用户的需求为基础”（诺曼，2015：9）。2009 年，蒂姆 · 布朗在他的著作《IDEO，设计改变一切》中提出“设计思维不仅以人为中心，而且是一种全面的、以人为目的、以人为根本的思维”。因此，无论是设计理念还是设计思维，人类都是处于核心位置。智能产品设计也是为了让人类更好地生存在世界中，人类依然是智能产品设计的核心。但从具身认知的角度来看，人的身体是嵌在环境中，人的身体与环境是相互影响与相互构成的，无法撇开环境单独对人进行设计。因此，智能产品设计是围绕人与环境而出发的，智能产品设计分析法是以“人—环境”为中心进行设计与分析的。这种设计分析法是对处于环境中的用户身体进行整体分析，而后用设计来满足处于情境中的人们的需求。

6.1.2 主动性与动态化设计分析

智能产品设计的核心是人的身体与环境。因此，面向身体与环境的设计分析，不仅包括以“人—环境”为中心的设计分析，还包括主动性设计分析和动态化设计分析。

作为类认知主体的智能产品，其本身是主动地感知与适应情境的。作为人工身体的智能产品，其人工体则是能动的、主动的人工体。从智能产品的智能角度，智能是具身的，是需要能动且主动的身体。因此，在设计的过程中，设计师需要从主动性设计分析出发，来关注智能产品人工身体的主动方面。从主动的视角出发，对智能产品进行设计。

智能产品所处环境是持续变化的。在传统产品设计中，通常将产品所处情境视为相对静态的。但智能产品面对的设计问题日益复杂多变，设计问题的情境则是动态变化的。此外，除了智能产品的情境是变化的，用户的需求亦是动态变化的。传统产品在设计定义阶段，对用户的需求分析是呈现点状分布的，设计师则针对用户的某些痛点进行设计。然而智能产品所面对的用户需求是持续变化的。传统产品的设计方法不能很好地满足用户需求和情境的持续变化。因此，设计师需要掌握动态化设计分析，设计出来的智能产品设计方案才能满足各方面的动态化要求。

6.2 设计工具与流程

在设计传统产品的过程中，有各种各样的设计工具和相应的设计流程帮助设计师找到设计问题、形成设计思路、最终形成设计方案。在设计智能产品的过程中，同样需要设计工具和设计流程来辅助设计师进行智能产品设计。但面对越来越复杂的设计问题时，设计师需要用与以往不同的设计工具和与之相匹配的设计流程来进行智能产品设计。因此，笔者在前面研究的基础上，本章节提出智能产品设计的设计工具与设计流程。

6.2.1 设计工具

（1）用户行为调研表

用户行为调研是帮助设计师从行为的角度对用户进行调研。根据具身认知理论，用户行为是用户身体的基本活动之一。用户行为既包含了用户身体的信息，又呈现了用户所在环境的信息。因此，设计师通过调研用户在某个或者多个特定情境中的行为，来洞察用户的身体与环境如何进行相互作用，从而找到设计问题的突破口。用户行为调研工具不仅适用于设计初期收集用户信息，还适用于在设计后期对设计方案进行评估，通过用户的行为来反观设计

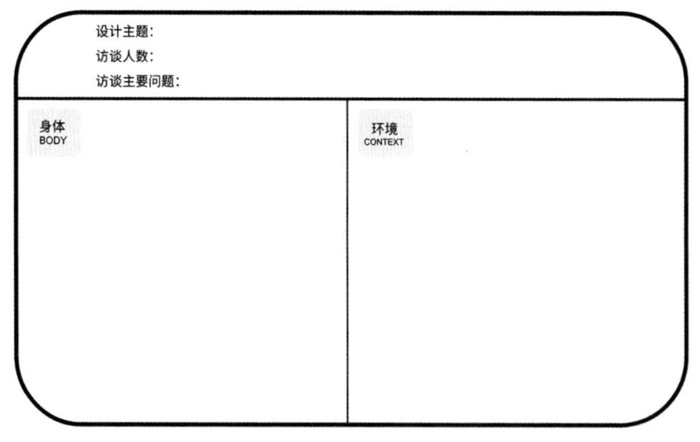

图 6-1　用户行为调研表
资料来源：笔者自绘

方案是否达到最初设定的目标。

设计师在使用用户行为调研表之前，需要筛选访谈或者观察的用户，并提前准备好需要询问或者观察的用户行为相关方面的内容，并在调研结束后将调研的内容汇总到用户行为调研表中。用户行为调研表是将调研的内容按照用户行为进行梳理与分析的表格（见图 6–1）。首先将用户调研的内容按照用户身体与环境进行分类。其次，将属于身体与环境的用户调研内容分别按照行为进行聚类，比如调研的内容为用户早上需要吃几种药，这些药是治疗什么疾病的，吃这些药的时间是否有特殊要求等。这些内容都属于用户“吃药”这个行为，而这个行为的内容是需要根据设计师调研的内容进行归纳的。因此，设计师通过用户行为调研表即可了解针对设计主题或者设计方案所涉及的用户行为范围。

（2）具身地图工具

具身地图工具是围绕用户和智能产品来使用的，在设计的过程中帮助设计师厘清设计思路，让设计师明白智能产品设计所需要涉及的方面。具身地图工具包括用户具身地图和智能产品具身地图。具身地图则是在用户和智能产品的具身十要素关系图基础上设计的工具。

用户具身地图是在用户行为调研表的基础上对归纳的行为进行进一步解析。设计师通过用户具身地图中的具身十要素来分析前面归纳的行为所涉及的要素，并绘制具身地图（见图 6–2）。在这个具身地图的基础上，再对行为本身可能会涉及的具身要素进行分析，并绘制在同一张地图中。这时这个用户具身地图就包含了被调研用户行为涉及的要素范围以及行为本身可能涉及的要素范围，而这两个范围之间未交集的区域即设计师可以用来设计的空间。在绘制了多个行为的具身地图后，设计师需要根据设计主题以及选择一个主导行为的用户具身地图，进行后续的设计。

智能产品具身地图则是用来推导出智能产品设计概念雏形的工具（见图 6–3）。在前面用户具身地图所分析与选定的用户具身要素实际上就是智能产品所处的情境，情境包含了用户在内的情境。设计师将用户具身地图上涉及的内容按照智能具身地图重新排列，从而进一步构想智能产品具有什么样的功能和交互方式来解决情境中遇到的问题，进而形成智能产品

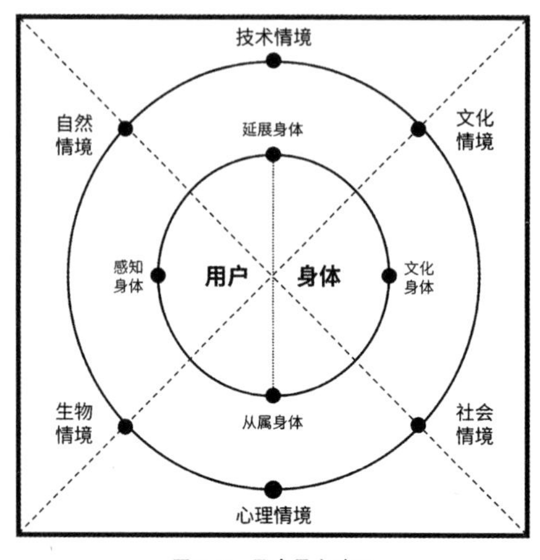

技术情境
自然情境
文化情境
延展身体
感知身体
用户
身体
文化身体
从属身体
生物情境
社会情境
心理情境
图 6-2　用户具身地图
资料来源：笔者自绘

自然情境
身体情境
文化情境
感知人工体
从属人工体
智能
产品
文化人工体
虚拟人工体
智能体情境
社会情境
虚拟情境
图 6-3　智能产品具身地图
资料来源：笔者自绘

设计的初步设想。

具身地图工具中的用户具身地图和智能产品具身地图是彼此紧密相连的，帮助设计师从宏观的行为中整理出智能产品设计的想法，为后续的智能产品设计方案的形成提供了思路。

（3）智能产品具身评估工具

智能产品具身评估工具包含两部分，一部分是针对智能产品设计功能与交互设计方面进行评估，另一部分是对智能产品设计方案进行评估。

第一部分是智能产品功能与交互评估工具。功能与交互评估工具是设计师在形成了智能产品设计的初步设想后，帮助其对智能产品的功能与交互设计进行评估的工具。智能产品功能与交互评估工具搭配智能产品功能与交互评估表格来使用（见图 6-4）。设计师在形成了设计的初步设想后，根据创新性与可行性寻找三类人群对智能产品设计的初步构想进行评估，包括之前调研的用户、产品设计师与投资人。根据评估的结果，设计师筛选出智能产品所具有的功能或者交互方式，从而形成最终的智能产品设计概念。

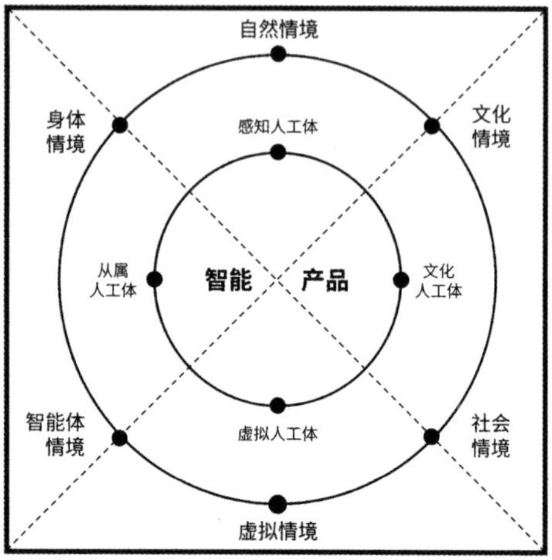

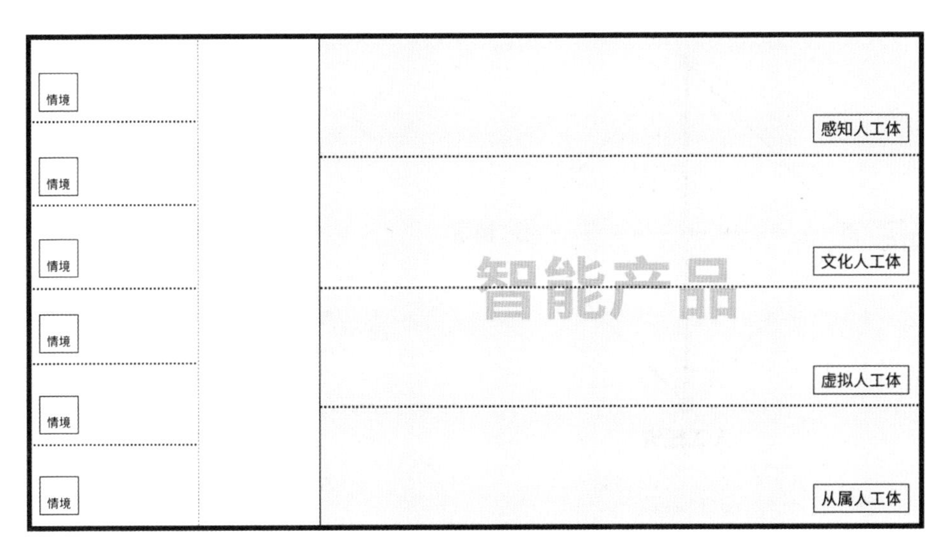

图 6–4　智能产品功能与交互评估表格

资料来源：笔者自绘

第二部分是智能产品设计评估工具。智能产品设计评估工具是对智能产品最终的设计方案进行评估的工具。设计评估工具是通过设计评估图和设计拟合度 α 值的计算来评估智能产品设计方案所设计的四个维度的内容能否有效传递给用户，即人工身体设计、人工知觉设计、情境设计与人造行为设计，用户能否感知以及感知的程度是如何的，是否达到要求。设计评估图以雷达图的形式，将智能产品设计的四个维度分别设定为 0—10 分的范围（见图 6–5）。在最初被调研的用户以及其他用户为智能产品设计方案进行打分后绘制评估图。

不同的用户对设计方案进行了相应打分后，设计师针对用户评估结果来计算智能产品设计拟合度 α 值（见图 6–6）。当 α 值大于等于 60% 时，说明设计方案符合要求，基本满足预期设想；反之，则需要将设计方案进行调整，直到设计方案达到要求。此外，根据用户对设计方案四个维度的打分，绘制智能产品设计评估图可以看到智能产品设计在哪个方面还需要进一步调整与优化。

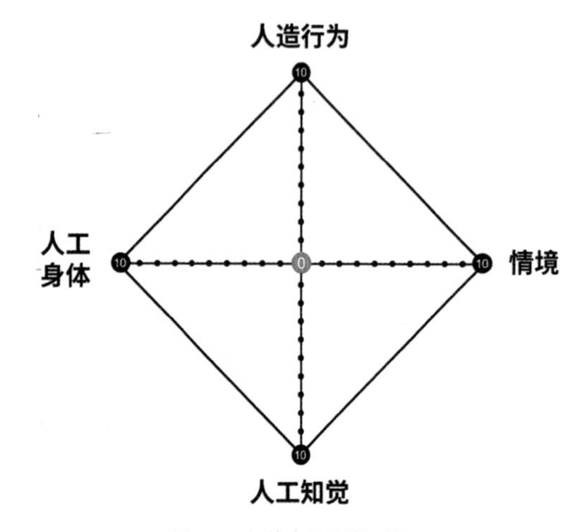

图 6–5 智能产品设计评估图
资料来源：笔者自绘

$$\alpha=\sum_{i=1}^{n}\frac{y_1+y_2+\cdots+y_n}{10n}\times 100\%$$

$$\alpha \geq 60\%$$

图 6–6 智能产品设计拟合度 α 值
资料来源：笔者自绘

（4）TAAB 宏观与微观设计工具

TAAB 宏观与微观设计工具是针对智能产品中智能技术占比程度高的设计进行开发的设计工具，比如智能音箱中的语音识别技术。对于智能音箱来说语音识别技术是产品的核心，产品的功能、交互方式、使用流程等设计方面都需要与语音识别技术相匹配。因此，针对这类智能产品，TAAB 宏观与微观设计工具可以帮助设计师快速找寻设计思路，并形成设计方案。TAAB 宏观与微观设计工具包括 TAAB 宏观设计路径与 TAAB 微观设计路径。

第一，TAAB 宏观设计路径是在 TAAB 基础模型上推演出来的设计工具，帮助设计师了解如何让用户快速认知智能技术的智能产品设计路径，并使智能技术更好地融入用户生活。宏观设计路径图是通过分析现有用户、现有产品、潜在用户、新产品与文化情境之间更多的可能性并确定智能产品设计的大方向（见图 6–7）。

第二，TAAB 微观设计路径是在 TAAB 子模型基础上推演出来的设计工具，来细化设计方向（见图 6–8）。在微观设计路径图中，设计师可以通过五条路径中的任意一条路径来深

现有用户
现有产品
潜在用户
新产品
文化情境

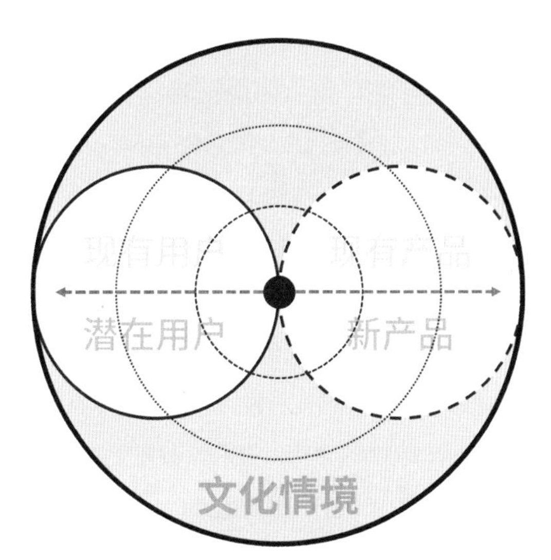

图 6–7　TAAB 宏观设计路径
资料来源：笔者自绘

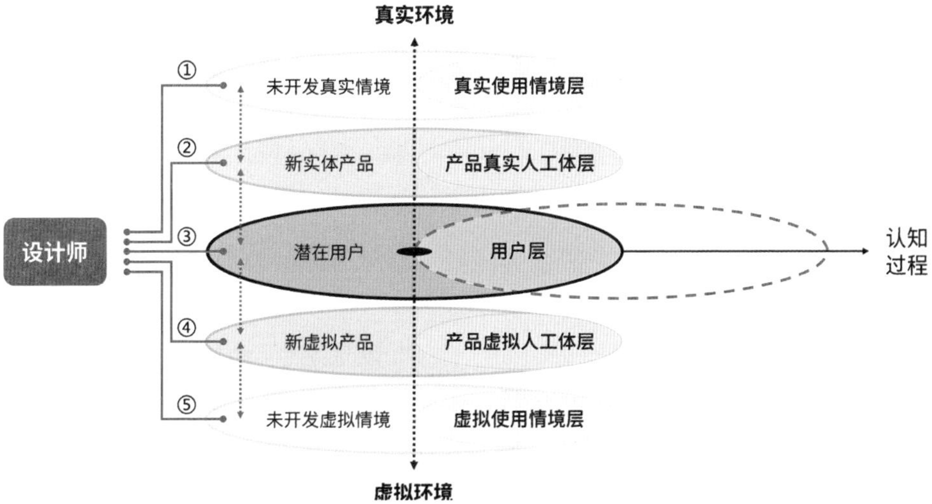

真实环境
①
未开发真实情境
真实使用情境层
②
新实体产品
产品真实人工体层
设计师
③
潜在用户
用户层
认知过程
④
新虚拟产品
产品虚拟人工体层
⑤
未开发虚拟情境
虚拟使用情境层
虚拟环境

图 6–8　TAAB 微观设计路径图
资料来源：笔者自绘

化设计方向。无论选择哪条路径作为智能产品设计的切入点，设计师都可以将切入点细化并在切入点的基础上对面向真实与虚拟环境维度的其他层面进行头脑风暴，确定智能产品设计的小方向并构思设计方案。例如：设计师选择从第二条设计路径——新实体产品来进行智能产品设计。设计师从新的实体产品层出发，确定面向真实环境的未开发真实情境层所涉及的内容，同时确定想要设计的智能产品的用户群包含哪些人群。此外，对面向虚拟环境的新虚拟产品和未开发的虚拟情境进行设计构想。因此，设计师通过 TAAB 微观设计路径图从一个切入点出发，从而构想出与切入点相关联的其他层的设计内容。

总而言之，上面所阐述的智能产品设计工具，根据设计师实际的设计过程以及设计需要进行选择，尽管设计工具之间彼此关联，但不一定完全按照文中所阐述的顺序进行设计。毕竟设计工具是辅助设计师获得更多的智能产品设计思路的，而不是限制设计师的设计想法。

6.2.2 设计流程

智能产品设计流程结合设计工具可分为五步：用户行为调研、具身性要素分析、技术认知分析、四维设计构想与设计方案评估。

（1）用户行为调研

设计师在拿到设计主题时，需要对其进行桌面调研，确定大致的设计范围。在这一阶段，需要设计师使用用户行为调研表。根据设计主题以及设计范围对用户行为进行调研，并使用“用户行为调研表”对其分析与归纳。

（2）具身要素分析

在具身要素分析阶段，首先设计师对用户行为的调研内容进行梳理，使用用户具身地图对之前归纳的行为进行再分析，并绘制相应行为的“具身地图”。其次，结合之前的桌面调研，设计师选择一个机会点较多的“地图”并将一手调研的内容放置在“地图”上，没有访谈到的部分区域可以再次进行用户访谈并进行头脑风暴。设计师尽量用访谈到的用户行为内容把地图填满，为后续智能产品设计方案的形成打下基础。再次，设计师对填满内容的用户具身地图中的行为再进行归纳，并选取地图中调研的具身要素的一半，确定智能产品设计方向并绘制出最终的“用户具身地图”，比如调研的内容涉及六个要素，设计师按照创新性和可行性选择其中三个具身要素进行后续的设计。最后，使用智能产品具身地图，将最终的“用户具身地图”中用户身体要素与情境要素内容列在“智能产品具身地图”中，并针对其进行智能产品功能与交互方式设计的头脑风暴。

在这一阶段，设计师对调研的用户行为内容结合用户具身十要素进行分析，并确定设计概念所涉及的用户具身要素。随后根据这些用户具身要素推导智能产品具身十要素方面的设计内容。

（3）技术认知分析

在技术认知分析阶段，设计师需要对智能产品设计方案中主要的智能技术进行宏观与微观的用户认知分析。首先，设计师对设计方案采用的智能技术进行宏观的用户认知梳理，分析用户对采用的智能技术处于何种认知程度，对智能技术有宏观的了解与把握。因为智能技术的应用不能超过用户可以认知的范围，也就是说智能技术的应用不能太过超前，不然用户很难接受与使用产品。其次，分析用户对智能技术的微观认知。在这一部分，设计师根据已经确定的设计大方向来分析现有的智能产品或者产品的三个层面——“用户层—产品层—情境层”，并反观设计方案的三个层面可以设计的空间以及创新之处，细化方案的设计方向。

（4）四维设计构想

在这一阶段，设计师使用评估表格对智能产品设计的初步设想进行评估，并制作“智能产品功能与交互评估表格”，同时找之前调研的用户、产品设计师、投资人进行产品功能与交互方式的评估。最终根据创新性与可行性选择出三个主要的功能（或者交互方式）以及两个次要的功能（或者交互方式）并进行排序。随后，设计师根据确定的功能对智能产品四个维度进行深入的设计构思，即人工身体设计、人工知觉设计、情境设计与人造行为设计。在确定了智能产品四个方面的设计后，制作情绪板（mood board），确定智能产品的形态、颜色、材质等方面的设计。然后，设计师根据产品四维设计以及情绪板，绘制产品设计方案草图、效果图、细节图等。最后，根据产品设计方案，绘制新用户流程图（new user flow chart）或者故事板（scenario）来展现用户使用智能产品的过程与步骤。

（5）设计方案评估

在设计方案评估阶段，设计师再次找寻之前调研过的用户以及其他用户对智能产品最终设计方案进行评估。用户通过“智能产品设计评估图”对设计方案包含的四个维度进行打分。由设计师将用户的评估结果进行智能产品设计拟合度 α 值的计算，从而评判智能产品设计方案是否符合基本的设计目标与预期。

6.3 设计应用实证

根据上文详细讲述的智能产品设计方法，接下来将结合虚拟项目和设计教学项目分别进行设计方法的分析与阐述，并论证智能产品设计方法的可行性，为后续更多的实际应用提供实践依据。

6.3.1 虚拟项目实证

6.3.1.1 定义智能产品

设计方法实际应用的虚拟项目设计主题为“老年糖尿病患者”。该虚拟项目设计按照智能产品设计方法中的设计流程结合设计工具依次论述。

（1）用户行为调研

首先对设计主题进行桌面调研。糖尿病是21世纪发展最快的健康问题之一。根据国际糖尿病联盟（International Diabetes Federation）的最新资料，2019年65岁以上的糖尿病患者约为1.36亿，此年龄组中每五名成人就有一人患有糖尿病。中国作为全球糖尿病患病率增长最快的国家之一，糖尿病患者超过9700万，糖尿病前期人群约1.5亿，老年糖尿病患者的数量也位居全球前列。目前糖尿病依然是需要进行持续地自我管理的终生疾病。由此可以看出，中国老年人糖尿病患者数量多，且糖尿病需要长期持续地护理。所以，根据“老年糖尿病患者”设计主题的桌面调研，确定了设计范围是“老年人糖尿病智能健康护理系统”。

根据确定的设计范围，使用用户行为调研工具，对用户行为进行调研。由于调研期间正值新冠疫情的暴发阶段，笔者采取在线访谈的形式对老年糖尿病患者、糖尿病患者家人与糖尿病专家进行焦点访谈，并围绕着“老年糖尿病患者一天中做了哪些事情与个人健康有关联”进行展开。笔者运用“用户行为调研表”对调研的内容进行梳理与归纳，发现与身体有关的行为可以概括为睡、吃、喝、排、测，与环境有关的行为是运动（见图6-9）。

（2）具身要素分析

第一步，笔者根据前面归纳总结的用户行为，运用具身地图工具对用户行为以及涉及的

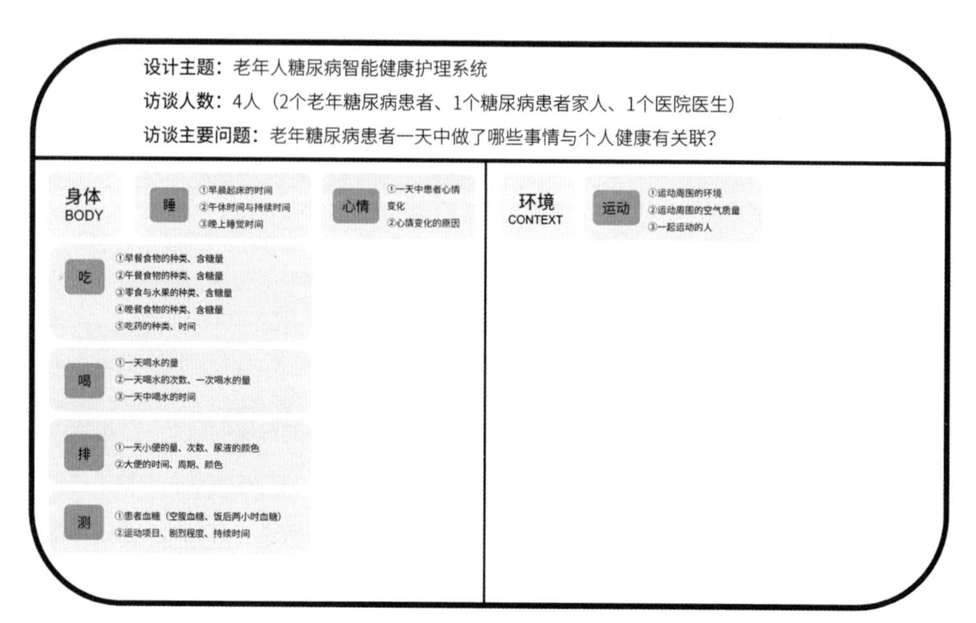

图 6-9　关于“老年糖尿病患者”的用户行为调研表
资料来源：笔者自绘

具身十要素进行分析，并绘制具身地图（见图 6-10）。在图 6-10 中，每个行为的具身地图中深颜色的区域为笔者调研的用户行为包含的具身要素，浅颜色区域则为用户具体行为可以涉及的要素范围。深浅颜色非交集区域则是设计师可以拓展的设计空间。

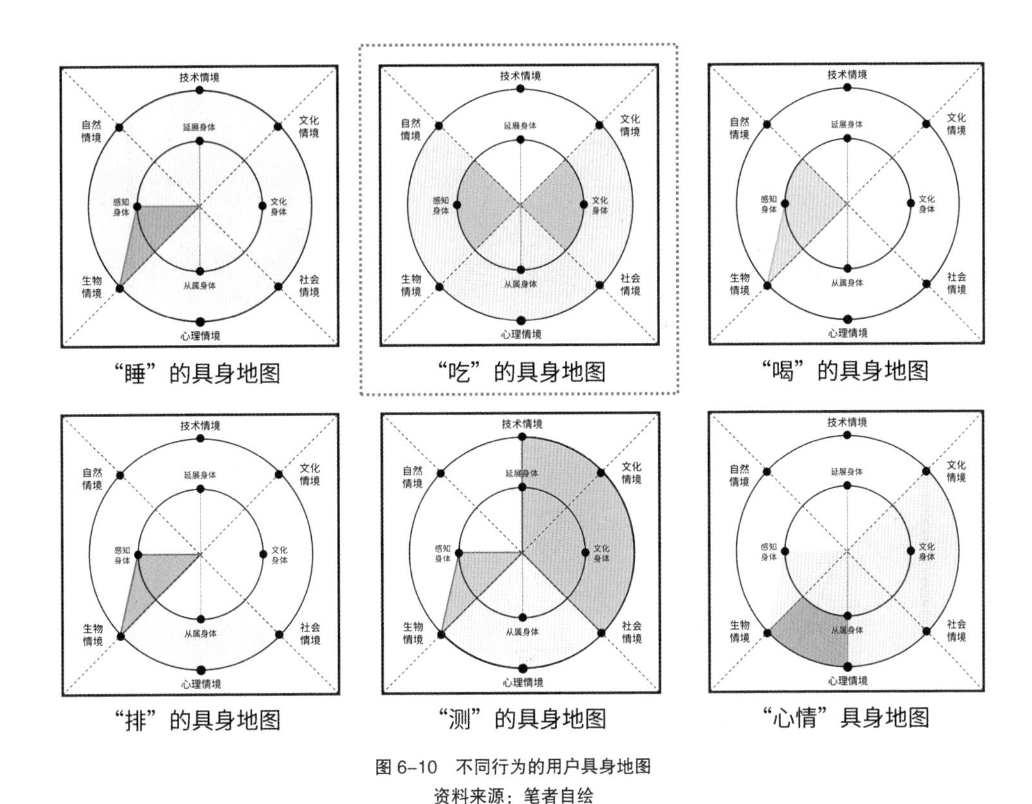

图 6-10　不同行为的用户具身地图

资料来源：笔者自绘

第二步，笔者进一步进行设计主题的桌面调研，发现用户“吃”这个行为对于糖尿病人来说尤为重要，且设计的机会点较多。由此，确定产品设计从“吃”这个行为出发，并且进一步缩小智能产品设计的范围变为“老年糖尿病智能饮食护理产品”，且涉及糖尿病的阶段为糖尿病前期与早期，产品涉及的环境范围是在家中。在这一步，笔者将之前调研的一手数据放置在“吃”的具身地图中，同时再次进行用户调研，将用户“吃”的行为所涉及的要素范围尽可能填满（见图 6-11）。在图 6-11 中，橙色方块为第一次调研的内容，粉色方块为第二次做的补充调研内容。

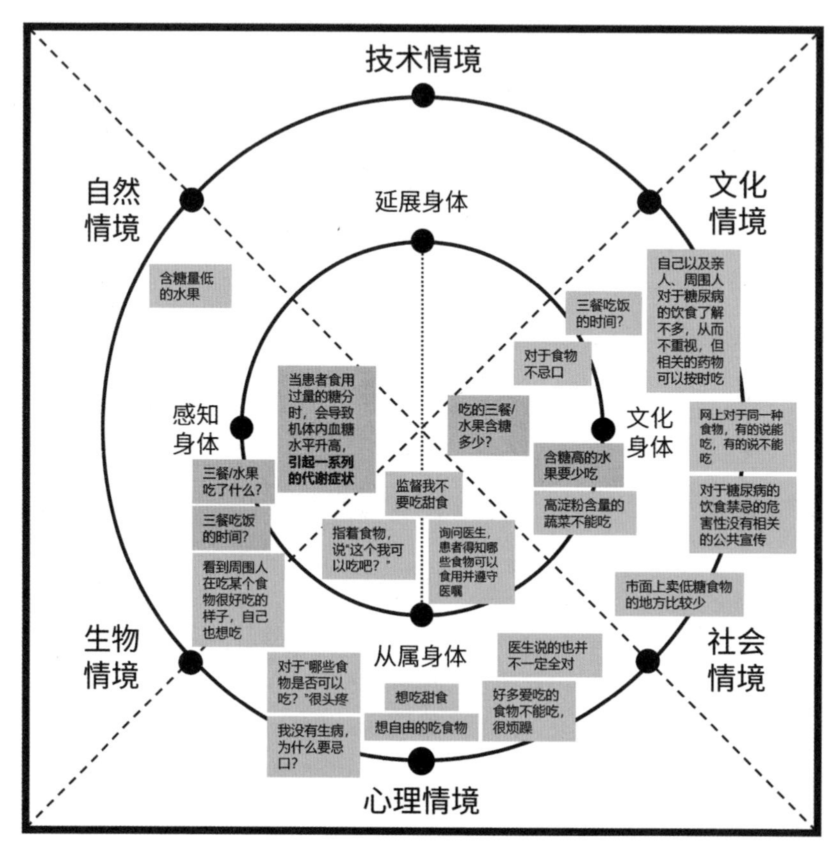

图 6-11 “吃”的具身地图
资料来源：笔者自绘

第三步是对两次调研的内容进行再次归纳与总结，并从涉及的 8 个用户具身要素中选取 4 个要素来进行设计（见图 6-12），从而确定了智能产品的大致设计方向，并绘制了最终的“地图”。

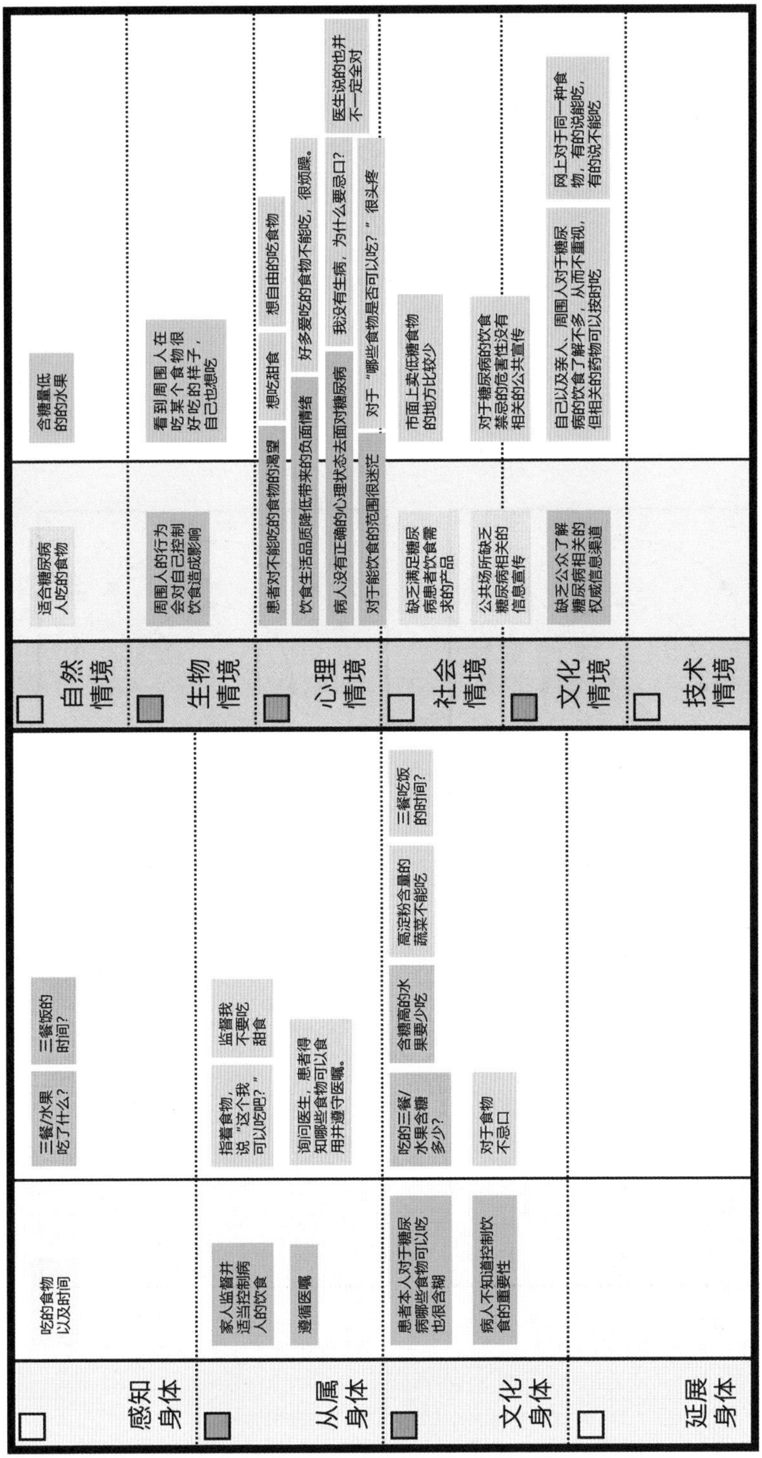

具身	要素	具体内容
感知身体	吃的食物以及时间	三餐/水果吃了什么？；三餐饭的时间？
从属身体	家人监督并适当控制病人的饮食；遵循医嘱	指着食物，说“这个我可以吃吧？”；监督我不要吃甜食；询问医生，患者得知哪些食物可以食用并遵守医嘱。
文化身体	患者本人对于糖尿病哪些食物可以吃也很含糊；病人不知道控制饮食的重要性	吃的三餐/水果含糖多少？；含糖高的水果要少吃；高淀粉含量的蔬菜不能吃；三餐吃饭的时间？；对于食物不忌口
延展身体		

情境	要素	具体内容
自然情境	适合糖尿病人吃的食物	含糖量低的的水果
生物情境	周围人的行为会对自己控制饮食造成影响	看到周围人在吃某个食物很好吃的样子，自己也想吃
心理情境	患者对不能吃的食物的渴望；饮食生活品质降低带来的负面情绪；病人没有正确的心理状态去面对糖尿病；对于能饮食的范围很迷茫	想吃甜食；想自由的吃食物；好多爱吃的食物不能吃，很烦躁。；我没有生病，为什么要忌口？；医生说的也并不一定全对；对于“哪些食物是否可以吃？”很头疼
社会情境	缺乏满足糖尿病患者饮食需求的产品；公共场所缺乏糖尿病相关的信息宣传	市面上卖低糖食物的地方比较少；对于糖尿病的饮食禁忌的危害性没有相关的公共宣传
文化情境	缺乏公众了解糖尿病相关的权威信息渠道	自己以及亲人、周围人对于糖尿病的饮食了解不多，从而不重视，但相关的药物可以按时吃；网上对于同一种食物，有的说能吃，有的说不能吃
技术情境		

图 6–12　选取具身要素

资料来源：笔者自绘

第四步，由于智能产品感知包含用户在内的情境，笔者运用智能产品具身地图工具，将最终的“用户具身地图”中的用户身体要素与情境要素列在“智能产品具身地图”中的情境区域，从而针对这些智能产品的情境要素进行设计的头脑风暴，最终形成智能产品设计的初步构想（见图 6–13）。

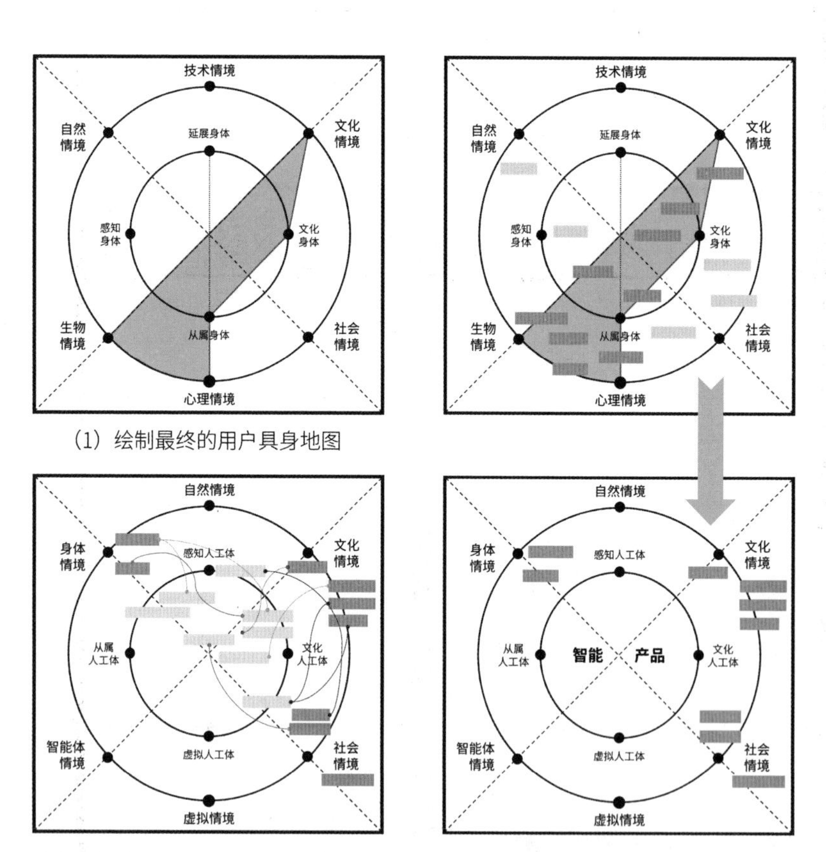

（1）绘制最终的用户具身地图

（3）对智能产品具身地图的情境要素进行设计方面的头脑风暴

（2）将用户身体要素和情境要素放置在智能产品具身地图的情境区域

图 6–13　用户具身地图与智能产品具身地图的关系

资料来源：笔者自绘

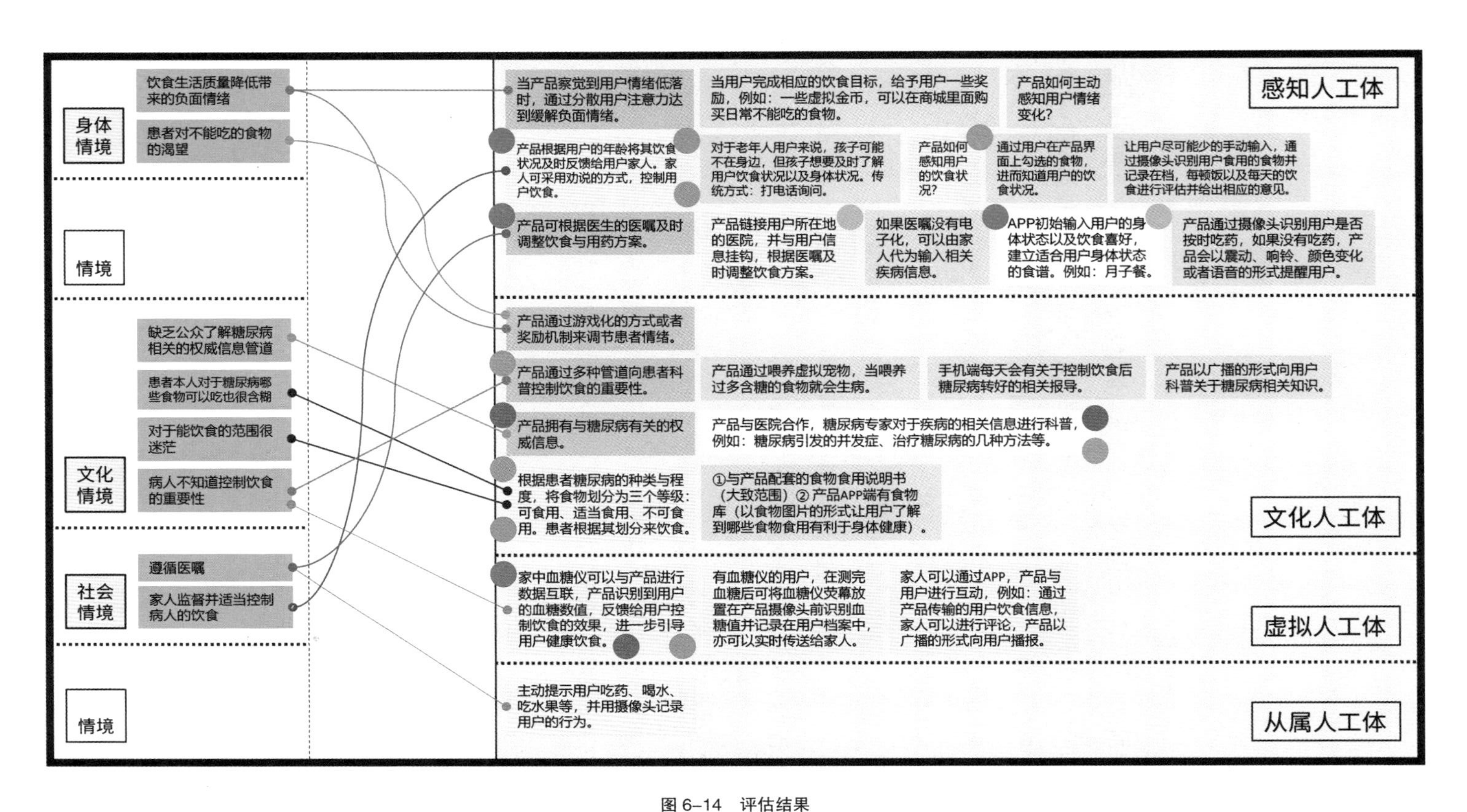

图 6–14　评估结果

资料来源：笔者自绘

（3）设计方案构想

首先根据智能产品具身地图中的人工身体与情境要素的设计内容，使用评估表格，制作智能产品功能与交互评估表格，并请被调研的用户、产品设计师、投资人对设计的初步构想进行评估（见图 6-14）。在图 6-14 中，绿色圆形代表产品设计师，蓝色圆形代表投资人，紫色圆形代表用户。最终根据评估结果，确定了智能饮食监测产品设计的主要功能与次要功能。随后形成了概念为“建立用户饮食画像、指导用户饮食、感知用户饮食、调节用户饮食、促进用户健康饮食、实现用户饮食健康”的一个饮食监测护理循环。

总而言之，设计进展到这里已经对老年人糖尿病智能饮食监测产品的设计概念进行了定义，为后续智能产品设计方案的形成打下了基础。

6.3.1.2 产品设计方案

在上文中定义的智能产品基础上，形成了老年人糖尿病智能饮食监测产品设计方案（见图 6-15）。下面从智能产品设计的四个维度对设计方案展开叙述。

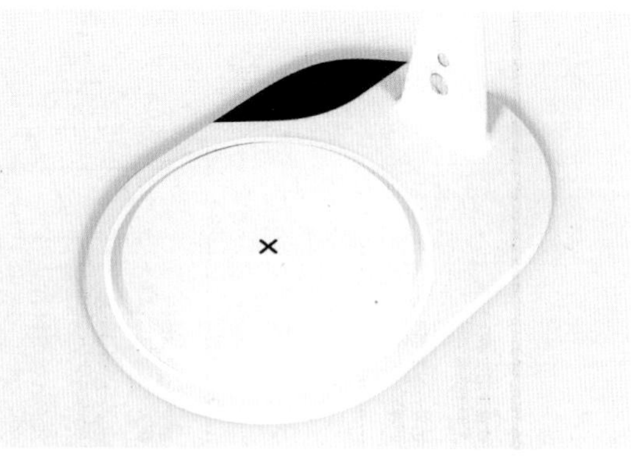

图 6-15　智能产品设计方案

资料来源：笔者拍摄

（1）动态化设计分析应用——动态饮食监测

对于刚确诊的老年患者来说，糖尿病的饮食护理并不容易适应，因为患者需要自我控制每日的食物摄入量，并对食物中的蛋白质、脂肪、碳水化合物这三大产能营养素的含量有大致了解，及时调整自己的饮食习惯，从而进行糖尿病饮食的动态护理。然而，老年患者的身体机能在衰退，记忆力在下降，让患者每天对吃了多少食物的能量进行大致记忆并称重计算，显然有较大的困难。因此，饮食监测产品设计采用动态化设计原则，通过引入人工智能技术，对患者一天中入口的食物进行动态监测。产品不仅实时地对用户食用的食物进行监测，而且一天结束后会对一天中每一餐的食物进行纵向监测，给用户以反馈并调整第二天的食物种类与数量来供用户参考。此外，产品在用户使用一段时间后对每一整天的饮食进行横向监测。产品纵向与横向的动态饮食监测方式可以让老年患者对自身饮食状况有宏观的认识。

（2）智能产品人工体设计——饮食检测原理设计

智能饮食监测产品的人工体针对如何检测使用者饮食进行了设计。人工体通过摄像头结合 AI 图像识别与物体识别算法对放置在食物检测区域的餐具和食物进行识别，并与检测区域的压力传感器相配合来感知被检测的食物种类以及重量，进而根据云端的食物营养成分数据库与医学标准营养模型对患者入口的食物进行计算与比对（见图 6-16）。随后，产品通过血糖仪、智能手环等获得患者血糖值、运动以及体重方面的信息来综合评估患者每一餐的营养结构是否符合患者的身体状况，以此给患者反馈来调整下一餐的营养构成，从而形成了一个完整的饮食检测循环。智能饮食监测产品通过饮食监测循环的设计对老年患者的日常饮食进行长期持续的监测并给出相应的糖尿病饮食护理建议，从而让患者可以及时地掌握与调整自身饮食。

（3）智能产品人工知觉设计

智能饮食监测产品的人工体主要分为三个知觉区域，包括图像采集区域、食物检测区域与信息显示区域（见图 6-17）。图像采集区域是产品对食物进行智能识别。食物检测区域是对放置在此区域的食物与餐具进行检测。信息显示区域则是产品的屏幕区域，用来显示患

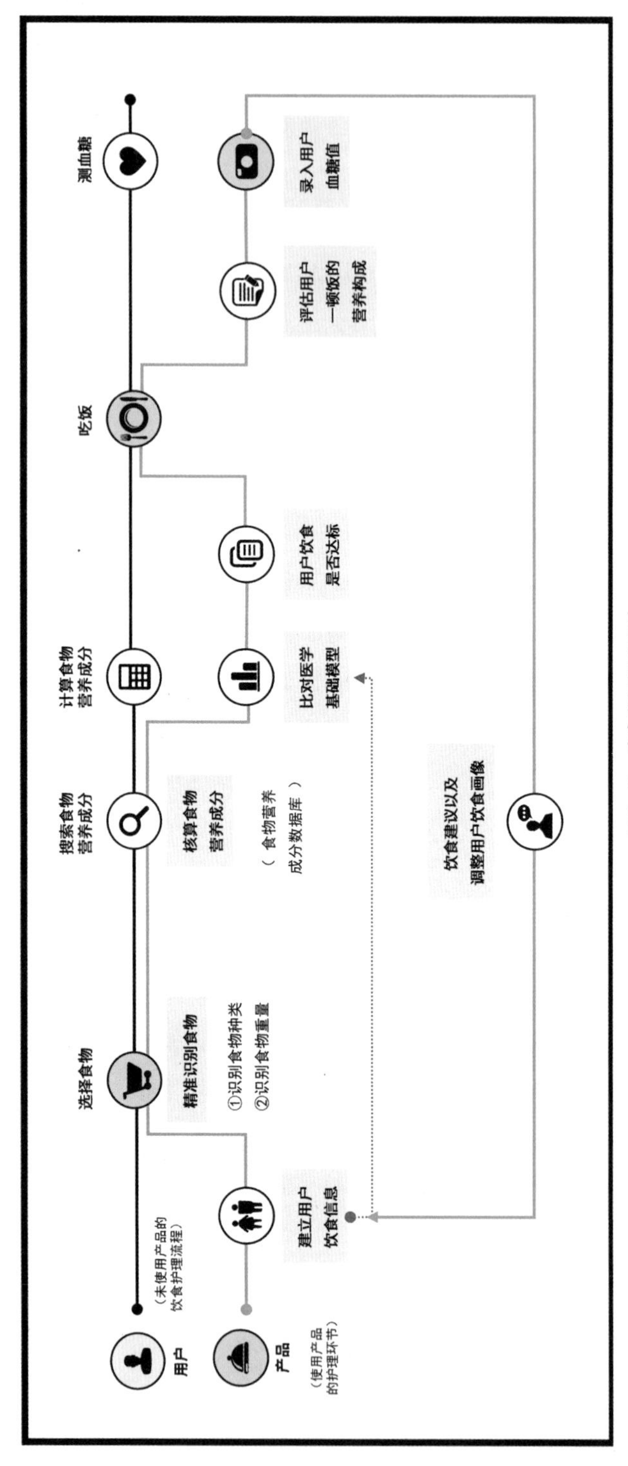

图 6-16 饮食监测原理设计
资料来源：笔者绘制

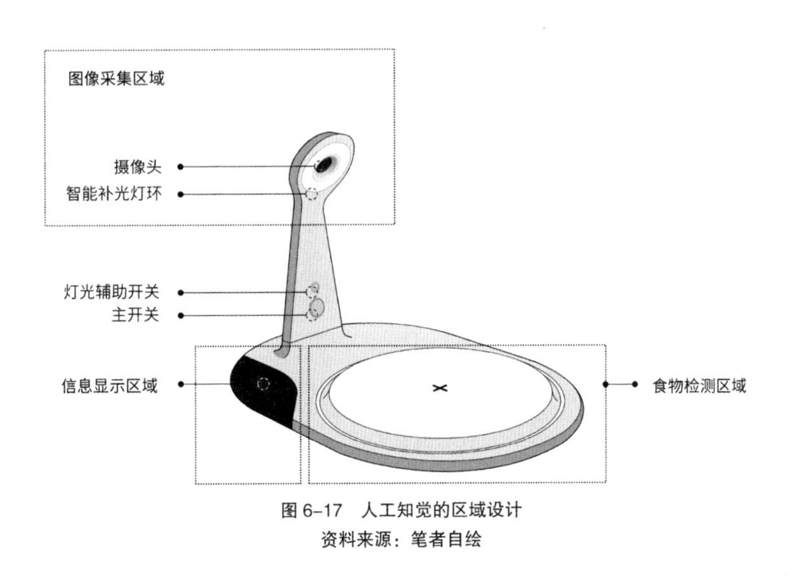

图 6-17　人工知觉的区域设计
资料来源：笔者自绘

者食用的何种食物超量等食物信息，便于老年患者及时调整个人饮食。

（4）智能产品的情境设计

虽然智能饮食监测产品应用了人工智能技术，但在使用情境的设计上尽可能简单与便于操作。因为老年患者随着年龄的增长，对于智能技术产品的认知能力在逐渐下降。因此，智能饮食监测产品对使用流程进行了设计——“食物监测四步法”，这包括空盘检测、备菜检测、饭前检测与饭后检测（见图 6-18）。产品的检测范围是产品中的白色圆形区域，可以检测不超过 8 寸的餐具。首先，食物监测第一步——空盘检测是用户将吃饭时使用的空餐具放到产品检测区域进行检测，之后使用者将需要烹饪的食材装盘进行备菜检测。在用户完成对食物的烹饪后，用户将装盘的菜品进行饭前检测。最后，用户饮食完毕后将餐盘放在产品上进行饭后检测。食物监测四步法仅需要使用者将未盛食物或者盛有食物的同一餐盘放到产品检测区域，用户并不需要进行其他操作，即可完成一顿饭的饮食监测，让老年患者可以省时、省力、省心地进行糖尿病饮食监测。

■ 食物监测四步法

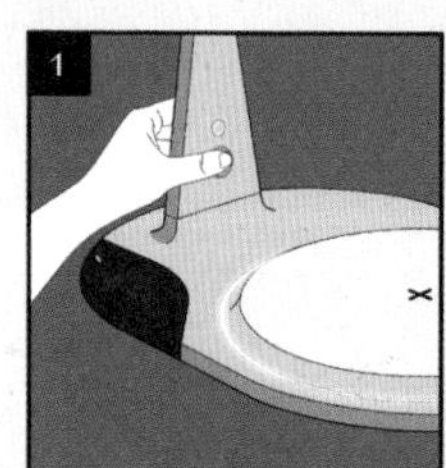

激活产品

空盘检测

备菜检测

食物超量警示

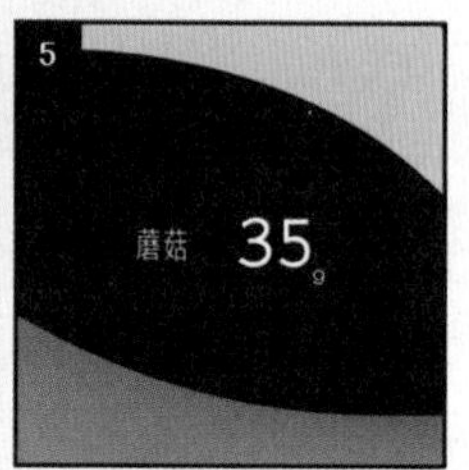

超量食物显示

饭前检测

饭后检测

图 6–18　智能产品的情境设计

资料来源：笔者自绘

（5）智能产品人造行为设计

智能饮食监测产品是根据老年人的认知习惯对智能产品的人造行为进行设计的。人造行为设计从四个方面入手，包括产品激活、检测反馈、警示信息显示与饮食报告显示。产品在未使用的时候是处于待机状态，用户通过按钮形式的主开关进行产品激活，因为老年人对于按钮的操作与使用较为熟悉。与此同时，产品通过反馈行为形式的设计，触摸灯环会以白色灯光闪烁的方式表示产品的启动状态。在检测反馈方面，由于产品运用人工智能技术识别与检测食物，在检测的过程中需要一定的时间。因此，产品对触摸灯环进行了设计，以灯光围绕其形状来显示检测进度，直观地告知用户产品的检测进程。在食物检测完毕后，产品通过触摸灯环显示的颜色提示患者食物是否达标——绿色区域为食物达标、红色区域为食物不达标（见图 6-19）。在警示信息显示方面，患者通过用手指触摸红色区域的灯环，产品显示屏上显示何种食物超标多少重量来警示患者，便于患者实时调整饮食结构。在饮食报告显示方面，由于大部分的老年患者对于智能手机的应用程序的使用并不熟悉，在患者完成一天的

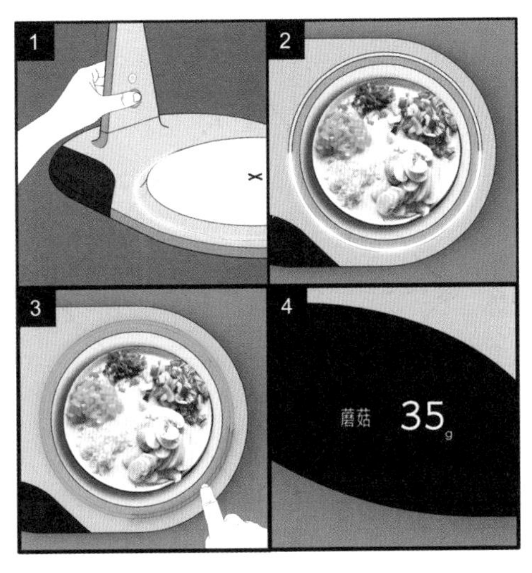

图 6-19　智能产品人造行为设计

资料来源：笔者自绘

饮食后，产品被设计以自主行为形式将简明扼要的短信内容发送到使用者的手机上，告知用户一天的饮食状况并给予饮食指导与建议，从而降低患者对于智能产品的学习成本，让老年患者通过简单、易学、易用的产品交互方式进行个性化的糖尿病饮食居家护理。

6.3.1.3 产品设计方案评估

根据上文的智能饮食监测产品最终设计方案，笔者找寻之前调研的用户以及用户家属总共8个人进行设计方案的评估。每个参与评估的人通过笔者整理的“智能饮食监测产品评估表”中相应的问题进行打分并填写个人背景资料。在“智能饮食监测产品评估表”中，笔者按照智能产品设计的四个维度设置问题，将评估内容分为四个部分，分别是功能区域（人工知觉设计）、基本监测原理（人工身体设计）、食物检测步骤（情境设计）与使用方式（人造行为设计），每一部分对应智能产品设计的一个维度。

笔者汇总了8个人的评估结果（见表6-1），绘制了设计方案评估图（见图6-20），可

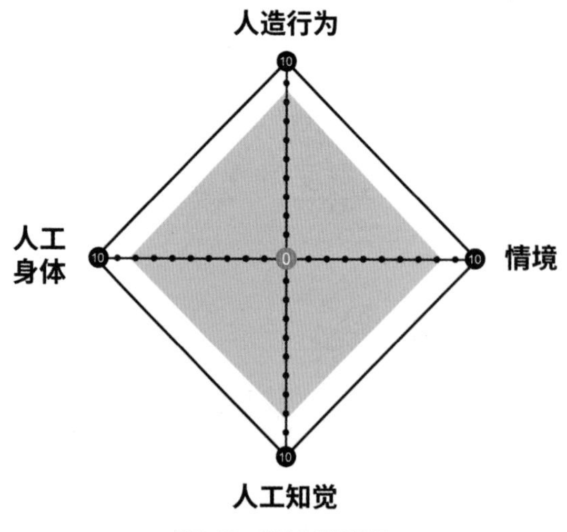

图6-20　设计方案评估图
资料来源：笔者自绘

以看出设计方案在四个维度方面的设计比较均衡，并且计算了设计拟合度 α 值为83.4%，说明智能饮食监测产品设计方案基本符合设计预期与要求。

表 6–1　设计方案评估汇总

	A	B	C	D	E	F	G	H	总分 / 均分
问题 1	9	6	10	9	8	7	10	6	133/8.3
问题 2	10	8	10	10	5	7	10	8	
问题 3	10	10	7	8	5	8	10	9	132/8.2
问题 4	10	8	7	9	6	7	9	9	
问题 5	7	6	7	8	8	8	10	7	131/8.1
问题 6	9	9	9	9	6	9	10	9	
问题 7	10	8	9	8	5	8	9	7	138/8.6
问题 8	10	9	10	10	7	9	10	9	
总分	75	64	69	71	50	63	78	64	534/8.3

注：表格中的英文字母代表着不同的用户。

表 6–2　设计方案评估问题

序号	问题内容
问题 1	您觉得这款产品的信息显示区域是否方便您查看食物超量等信息?
问题 2	您觉得这款产品的食物检测区域是否能放置您个人的日常餐具?
问题 3	您觉得这款产品是否可以了解到您每一餐的饮食情况?

（续表）

问题 4	您觉得这款产品是否有效地帮助您控制自己的饮食？
问题 5	在操作过程中，“食物监测四步法”您是否会觉得麻烦？
问题 6	您认为“食物监测四步法”是否可以监测您的饮食情况？
问题 7	您觉得产品触摸灯环的显示方式是否便于了解产品监测食物状态与结果？
问题 8	在完成一天的用餐后，产品主动把一天的用餐情况以及相应的饮食指导反馈给您，您觉得是否便于及时了解个人饮食状况？

6.3.2 教学项目实证

对于智能产品设计方法的实际应用，笔者除了自身在虚拟项目中应用设计方法进行设计，还在广州美术学院工业设计学院举办的——“‘身体’构建：智能产品设计前沿工作坊”中进行实际的应用。

此次工作坊参与的 6 个学生由本科生和研究生组成。受疫情影响，工作坊采用网络教学的形式。工作坊的设计主题分为两个，一个是“在日常生活中，根据人们对光的需求，进行智能产品设计”，另外一个是“在日常生活中，根据人们对水的需求，进行智能产品设计”。工作坊采取两轮设计方案的形式，让参与工作坊的学生们对这两个设计主题进行选择，并在未学习智能产品设计方法之前，构思与绘制智能产品第一轮设计方案。随后，在学习了智能产品设计方法后，对设计主题进行第二轮设计，也就是说重新设计或者在原有方案基础上重新构想智能产品设计。根据学生们的设计方案，笔者选取比较有代表性的学生设计作品来阐述智能产品设计方法在实际设计教学项目中的应用情况。

6.3.2.1 智能产品第一轮设计方案

在未学习智能产品设计方法之前，学生 A① 选择了“根据人们对光的需求，进行智能产品设计”的设计主题。该学生关注到在公共空间中，人们对于声控灯是否处于正常使用状态是不清楚的，往往通过声音来判断声控灯是否处于故障状态。如果一直发出声音，声控灯没有丝毫反应，即判定声控灯坏了。学生 A 针对这一现象进行了设计，她提出的设计方案是当产品处于正常状态时，产品只是一个传感器，人们没有可以操作的地方；当产品处于故障状态时，产品部分区域弹起形成一个可操作的开关并有相应的指示灯提示，便于用户了解产品的状态并做出相应的操作。

在图 6-21 左侧产品效果图中，学生 A 设计的产品正常状态为右侧的状态，当产品出现故障后为左侧状态。除此之外，学生 A 设计该产品与其他智能照明控制模块连接到一起，组成一套智能照明控制系统（见图 6-22）。在这个控制系统中，有中央控制平台监控所有智能照明灯具，当平台发现产品出现故障时，平台给产品发出信号让产品由正常状态的不可操

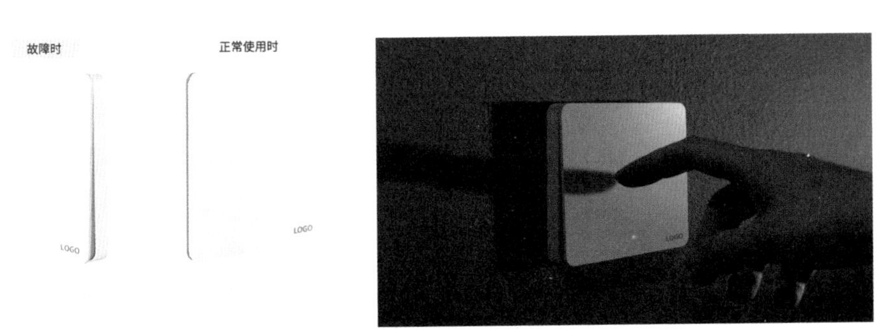

图 6-21　学生 A 的产品效果图（左）和产品使用场景图（右）
资料来源：学生 A 绘制

① 学生 A 是广州美术学院工业设计学院预备研究生。

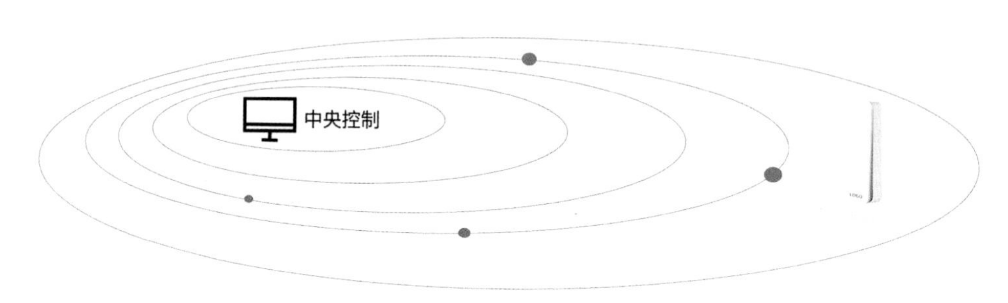

图 6-22 智能照明控制系统示意图
资料来源：学生 A 绘制

作形式转变为可操作的形式。学生 A 认为这个设计方案中产品的智能是体现在智能照明控制系统方面。

6.3.2.2 智能产品第二轮设计方案

在笔者讲授了智能产品设计思维与方法后，学生 A 对“人们对光的需求”的设计主题进行了重新设计。在第二轮智能产品设计中，学生 A 关注到青少年的视力问题。学生 A 针对这个问题进行了桌面调研，发现中国青少年近视率世界第一，并且根据国家卫生健康委的数据得知中国儿童、青少年近视总体发生率为 53.6%，此外当眼睛一旦发病为真性近视就不可逆转了。因此，学生 A 确定了设计范围是“面向青少年预防近视的智能产品”。

（1）用户行为调研

针对前面确定的设计范围，学生 A 进行用户行为调研，对未近视的学生、已近视的学生以及学生家长进行了焦点访谈。访谈主要围绕着“小学生生活中与眼睛健康有关的事情有哪些”进行深入访谈，并将访谈的内容汇总与归纳到用户行为调研表中（见图 6-23）。学生 A 发现与身体有关的用眼健康的行为可以归纳为“睡、学习、吃、玩、感受”，其中学习的行

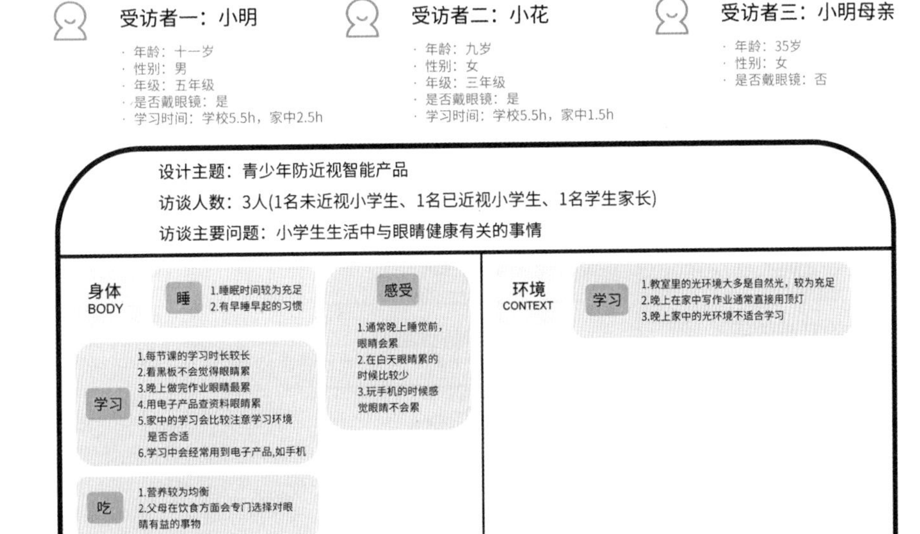

图 6-23　受访者基本信息以及用户行为调研表
资料来源：学生 A 绘制

为还涉及环境方面。

（2）具身要素分析

首先，学生 A 运用“用户具身地图”对前面归纳的用户行为进行用户具身十要素分析，并绘制每个行为的具身地图（见图 6-24）。在这一阶段，学生 A 快速地通过用户具身十要素对“睡、学习、吃、玩、感受”这五个行为分别进行分析。

其次，学生 A 根据调研的五个行为，结合持续深入的桌面调研，发现青少年大部分时间是在学习方面。因此，学生 A 确定智能产品设计从“学习”这个行为出发，并将之前调研的访谈内容放置在“学习”具身地图中，与此同时对之前用户进行了第二次调研，将第一次调

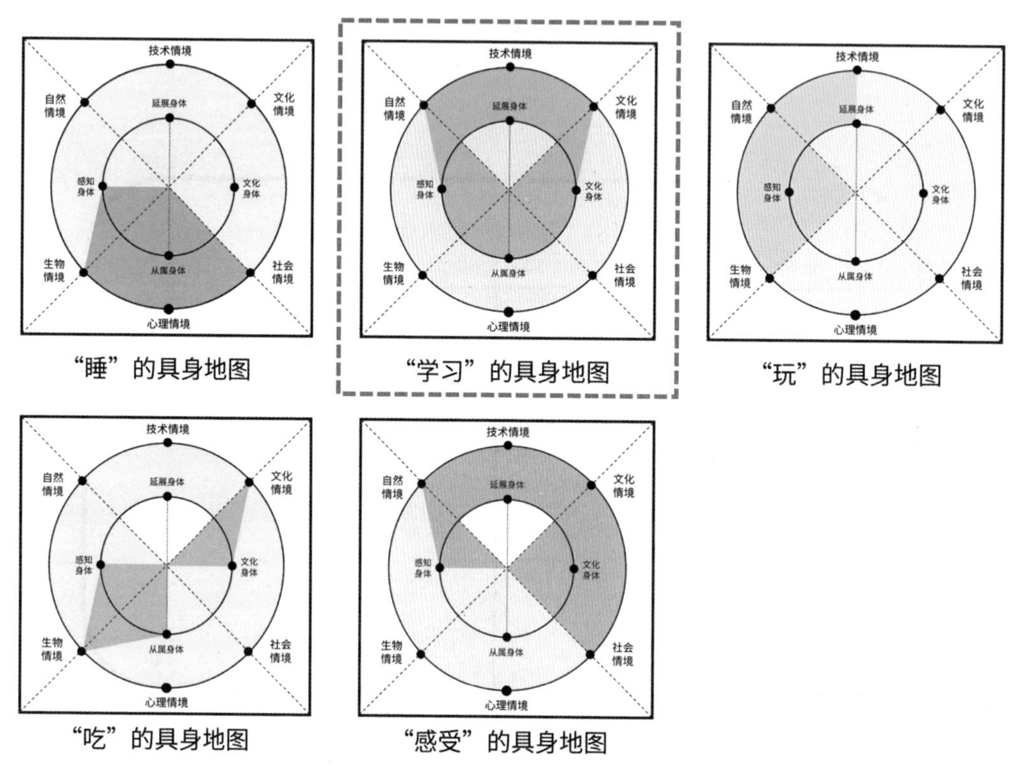

图 6-24　与用眼健康有关行为的用户具身地图
资料来源：学生 A 绘制

研没有涉及的内容进行补充（见图 6-25）。

再次，学生 A 将两次调研的内容进行整理与归纳，最终根据创新性与可行性从十个具身要素中选择了五个要素，其中两个身体要素，三个情境要素（见图 6-26），从而绘制最终的用户具身地图，确定了智能产品设计的大致方向（见图 6-27）。

最后，学生 A 将确定了的用户具身要素包含的内容放在智能产品具身地图中适当的要素区域里，并根据这些内容在智能产品具身十要素基础上进行设计初步构想（见图 6-28）。

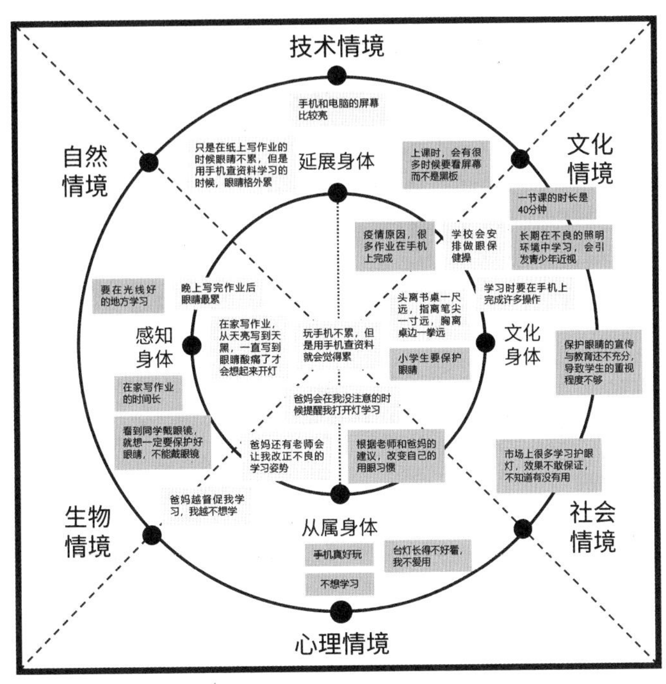

图 6–25 “学习”的具身地图

资料来源：学生 A 绘制

类别	要素	具体内容	
■ 感知身体	用眼时长	在家写作业的时间很长	
	使用者无法准确感知什么样的灯光适合学习	在家写作业，从天亮一直写到天黑，一直到眼睛看的很累了才会想到要开灯	
□ 从属身体	家人监督用眼习惯	监督我学习时的用眼卫生	根据老师和爸妈的建议，改变自己的用眼习惯
□ 文化身体	青少年意识不到保护眼睛的重要性	头离书桌一尺远，指离笔尖一寸远，胸离桌边一拳远	
■ 延展身体	学士时需要青少年使用电子产品	学习时要在手机上完成许多操作	
	学习使用电子产品会让青少年眼睛有不适感	玩手机不累，但是用手机查资料就会累	只是在纸上写作业的时候不累，但是用手机查资料学习时眼睛会格外累

类别	要素	具体内容	
■ 自然情境	灯光环境不适合青少年学习	家里的灯光不够亮，不适合写作业	
□ 生物情境	同辈压力	看到同学戴眼睛，就想一定要保护好眼睛，不能戴眼镜	
□ 心理情境	青少年逆反心理	爸妈越督促我学习，我越不想学	
	青少年懒惰心理	手机真好玩，不想学习	
□ 社会情境	社会缺乏应有的宣传教育	对于保护眼睛的教育宣传不够到位，导致学生的重视程度不够	
	市场缺乏良好的灯具产品	市场上很多学习护眼灯，效果不敢保证，不知道有没有用	
■ 文化情境	用眼时长不科学	一节课的时长是40分钟	
	眼睛保健不规范	学校偶尔安排做眼保健操，不重视	
	学习时会有不同的用眼场景	疫情原因，很多作业在手机上完成	科技发展，上课时会有很多时候要看屏幕而不是黑板
■ 技术情境	现有护眼灯对眼睛的保护不足	护眼台灯不护眼	

图 6–26 选取具身要素

资料来源：学生 A 绘制

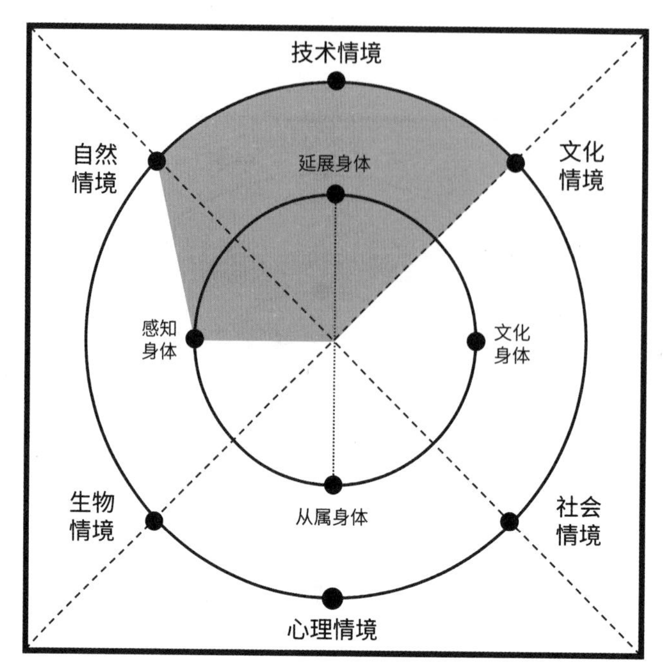

图 6–27　最终的具身地图

资料来源：学生 A 绘制

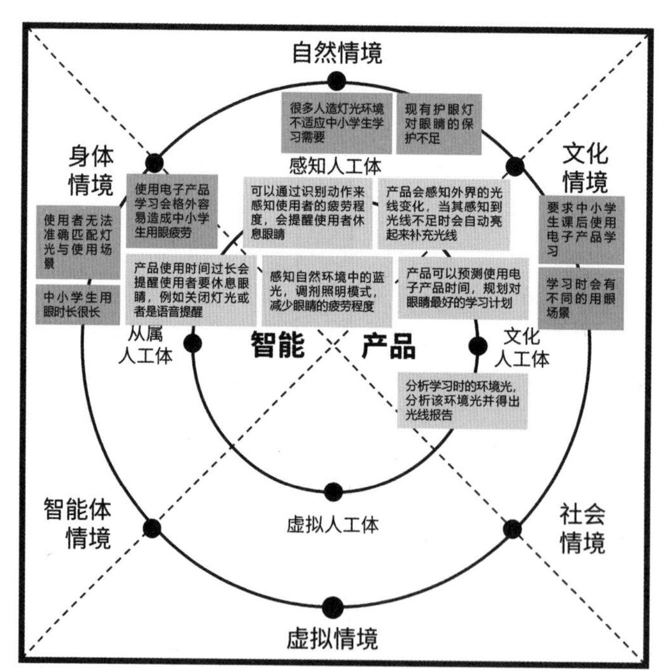

图 6–28　智能产品具身十要素初步构想（部分）

资料来源：学生 A 绘制

（3）设计方案构想

学生 A 在智能产品具身地图中进行了设计的初步构想，之后在智能产品功能与交互评估表格中再对之前的设计初步构想进行细化。

（4）技术认知分析

在细化了设计初步构想之后，学生 A 确定了智能产品设计所需要的智能技术，并对智能技术进行技术认知分析。这部分的分析包括两个部分，一部分是对确定使用的智能技术运用 TAAB 宏观设计路径对用户进行智能技术的宏观认知分析；另一部分是运用 TAAB 微观设计路径对用户进行智能技术的微观认知分析。在这一阶段，学生 A 运用 TAAB 宏观设计路径对物体识别技术在计算机视觉领域的用户认知发展进行了宏观梳理，并分析了物体识别技术目前的实际应用所面向的用户群，认为在智能护眼产品中应用较少。之后，学生 A 运用 TAAB 微观设计路径对目前家居护眼灯从“用户—产品—情境”这三个层面进行分析（见图 6–29），从而反观这一阶段的设计构想是否与市面上的产品存在差异化并从同样三个层面进一步构想

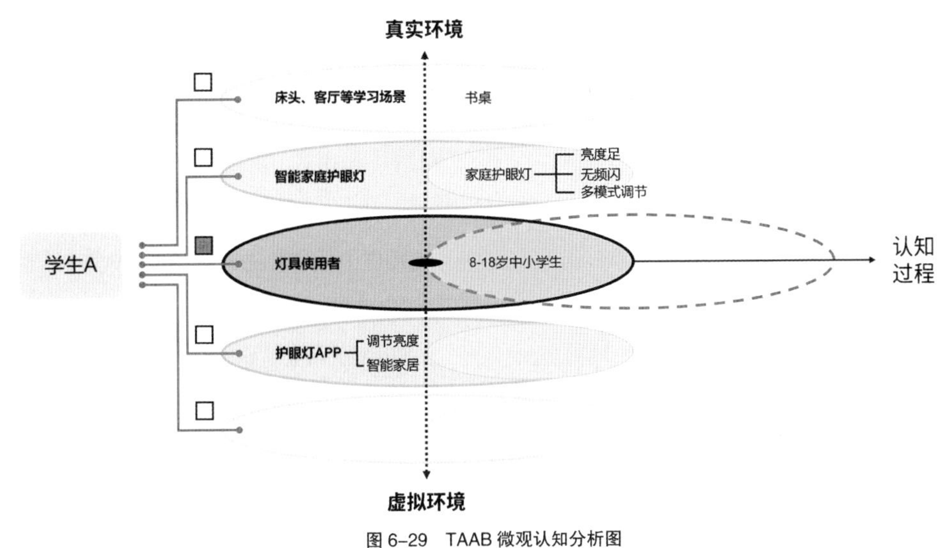

图 6–29　TAAB 微观认知分析图

资料来源：学生 A 绘制

设计方案内容，进而调整智能产品功能与交互评估表格中的设计构想。

在实际的设计实践中，设计方案构想与技术认知分析这两个阶段多数情况下是并行的，根据个人具体设计情况而定。学生 A 是在完成了设计的主要构想后才确定使用物体识别技术来实现设计构想的内容的。

在技术认知分析与评估表格中的设计方案内容调整完后，学生 A 找寻之前访谈的用户、投资人、产品设计师对评估表格中的功能与交互设计内容进行评估，根据这三个人的评估确定了智能护眼灯具设计的主要功能与次要功能（见图 6–30）。

（5）智能产品四维设计

根据确定的智能产品主要与次要功能，学生 A 运用智能产品设计四维模型对智能产品四个维度进行设计方案细化。

在人工体设计方面，智能护眼灯具运用光线感知器感知周围环境光线，调节智能灯具的照明给予青少年舒适的用眼环境。同时，产品运用红外感知技术，当使用者在灯具前且周围环境光线需要灯光照明时，产品自动开启照明。

在人工知觉设计方面，学生 A 通过摄像头结合物体识别技术实时监测使用者的手部动作与桌面上的物体之间的互动信息，分析青少年处于何种状态，是处于使用电子产品状态，还是在看书写字的状态等，之后产品自动调节相应的电子产品模式、读写模式与休闲模式，让青少年在无忧无虑的用眼环境中专心学习。

在情境设计方面，学生 A 针对处于读写情境和使用电子产品情境的青少年在学习一段时间后眼睛需要进行短暂的休息进行了设计。在灯具使用过程中，产品根据“20—20—20”护眼法则，每隔 20 分钟产品照明缓慢关闭，同时语音提示青少年远眺 20 英尺（约 6 米）以外的物体 20 秒，20 秒钟之后产品照明缓慢打开，这样让青少年逐渐养成良好的用眼习惯。

到这一阶段，学生 A 的设计方案内容逐渐形成，并根据这些内容进行产品造型方面的设计，手绘了多个产品草图（见图 6–31）。

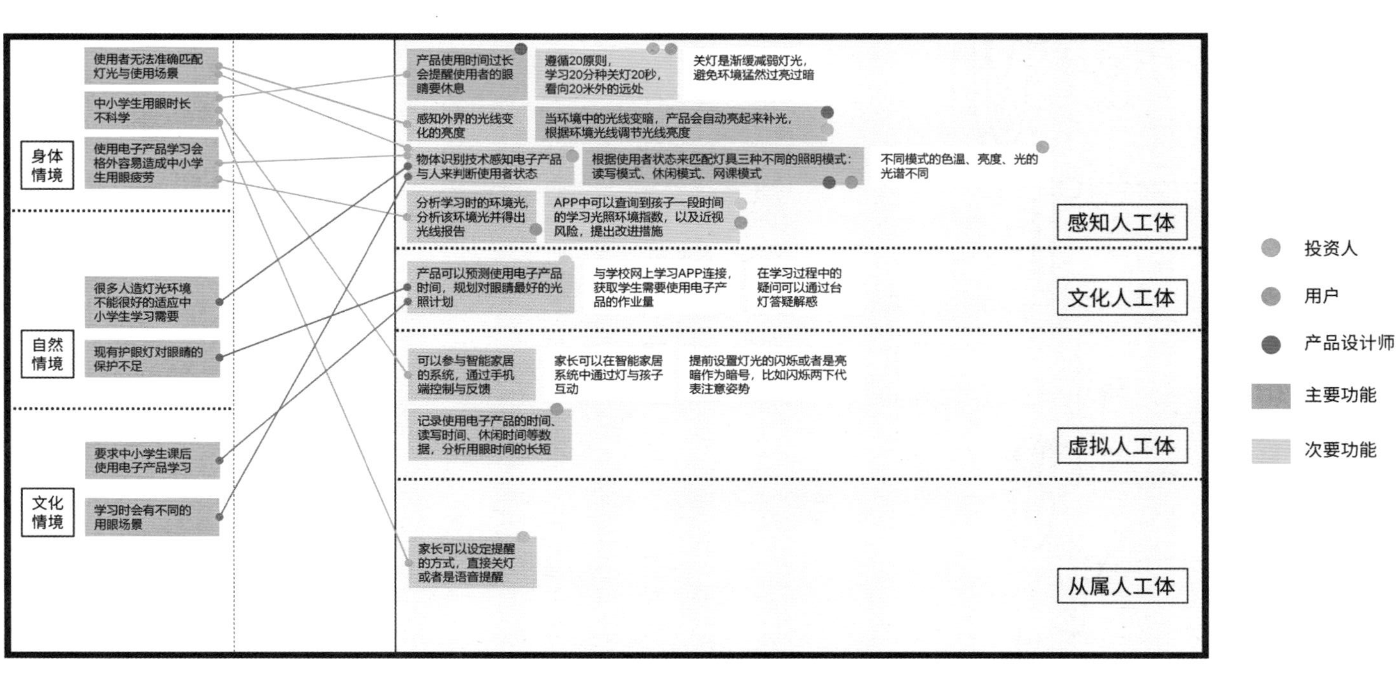

图 6–30　评估结果和产品的主要与次要功能

资料来源：学生 A 绘制

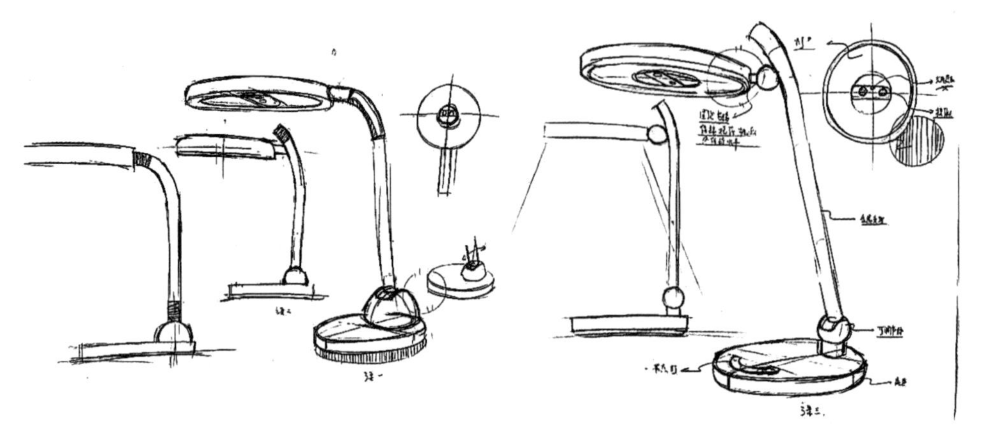

图 6–31　设计方案草图（部分）
资料来源：学生 A 绘制

6.3.2.3 两轮设计方案分析与比较

在第一轮智能产品设计方案中，可以看出学生 A 理解智能产品与传统产品的区别在于智能产品有智能的中央控制平台。根据智能产品设计思维的视角来看这个设计方案，智能产品的“智能”是在产品的类大脑——中央控制平台中产生，与智能产品的“身体”关联度不高。换句话说，中央控制平台控制的照明灯具，可以是其他传统的照明产品，也可以达到相似的效果。此外，这个设计方案所针对的问题，或许通过其他非智能的形式也可以更好地解决。

随后，学生 A 在学习了系统的智能产品设计思维与方法后重新进行了设计。学生 A 通过智能产品设计方法一步一步将思路展开，由一开始的青少年防近视智能产品到最后设计的智能护眼灯具，可以看出学生 A 设计的智能产品人工身体能够感知用户的行为以及周围的环境从而调节产品自身照明状态。此外护眼灯具不仅为青少年提供一个舒适的用眼环境，而且产品采用灯光缓慢开启与关闭的方式提示用户需要让眼睛放松，产品好像具有了“脾气”一样，照明一段时间就需要“休息”一下。第二轮的设计方案不再像第一轮设计方案中的产品仅仅具有控制平台就是智能产品了，而是以“人—环境”为中心进行分析，通过“身体”的视角去构思智能产品的设计。

参与工作坊的其他 5 个学生的两轮设计作品也或多或少地呈现了这样的反差。因此，智能产品设计思维与方法总体上让设计师在设计智能产品的过程中不再盲目，而是有章可循，进而设计出的智能产品让人们体验到更好的生活并与世界更好地沟通与互动。

第七章　结论与展望

7.1 研究结论

本书从认知科学的具身认知理论入手，对智能产品设计思维与方法展开研究。由于具身认知理论本身是跨学科的研究，笔者围绕具身认知理论的核心要素“身体”和“环境”对其进行详细地梳理，并从如下四个方面创新性地运用具身认知理论对智能产品设计思维与方法理论体系进行构建：

（1）面向设计领域的智能产品新定义

笔者运用文献分析法对不同领域的不同学者关于智能产品和智能的研究进行了详细的分析，发现国内外已有的研究对“智能产品”和“智能”本体概念论述较少。因此，笔者试图通过具身认知理论和受其影响的具身AI对设计领域的“智能”和“智能产品”本体进行了研究，认为智能产品的“智能”是具身的、情境的与累积的；“智能产品”则是作为类认知主体去感知世界的，并且“智能产品”是作为一种人工身体，来感知人的心理以及包含人和智能产品在内的生物体和非生物体的自然、社会与文化的环境。此外，智能产品还具有三个基本特征：具身性、情境性与意向性。因此，形成了智能产品的宏观概念，为后续讨论智能产品设计思维与方法奠定了基础。

（2）智能产品设计思维的构成

由于智能产品设计是为人类更好地生存在世界上的，所以对智能产品设计思维的探究必然涉及用户。笔者从智能产品的基本认知活动出发，通过文献分析法和个案研究法对用户和智能产品的认知活动、具身性设计要素进行了探究，提出了用户、智能产品与情境的认知活动机制。在这个机制中对用户和智能产品各自的具身性设计要素进一步研究，提出了用户具身十要素和智能产品具身十要素。除此之外，还从受具身认知理论影响的技术哲学家唐·伊德理论出发，使用扎根理论与个案研究法对用户与智能技术的认知关系进行了研究，认为用户与智能技术的认知关系依次是：它异关系—诠释学关系—具身关系—背景关系。因此，笔者从认知活动、具身要素、认知关系这三个方面对智能产品设计思维的构成进行了较为详细地研究，这为设计师在设计过程中需要考虑与涉及的方面提供了新的思路。

（3）智能产品设计思维新模型的搭建

本文从智能产品设计思维的构成上进一步进行探索，运用扎根理论和个案研究法对“用户如何认知智能技术”和“智能产品进行哪些方面的设计”进行了研究。关于用户方面，笔者提出了用户认知智能技术的四个基本阶段、两个影响因素与三个层面，搭建起用户智能技术认知模型（TAAB 模型）。在智能产品方面，提出了智能产品设计的四个维度，分别是人工身体、情境、人造行为与人工知觉，并构建了智能产品设计四维模型。两个模型的提出，为设计师深入了解用户对智能产品的认知状态以及思考智能产品设计提供了新的路径。

（4）智能产品设计新方法与新工具的构建

在对智能产品设计思维的构成与模型研究的基础上，提出了智能产品设计分析法，并且提出了四个智能产品设计方法与设计工具，并对设计流程进行了新时代的重新解读。因此，构建了智能产品设计方法，为设计师在智能产品的设计过程中提供了新的路径。

本书从“智能”和“智能产品”的基础定义出发，对智能产品设计思维的构成进行研究，进而形成智能产品设计模型与设计方法，搭建起智能产品设计思维与方法的理论体系。这为设计师设计智能产品提供了一个完整的理论体系，并为后续的研究者提供了全新的研究思路。

7.2 研究局限与展望

（1）理论研究受到智能产品发展阶段的限制

智能产品正处于上升阶段，智能产品设计也刚刚起步，目前市面上得到消费者认可的智能产品并不多。尽管笔者找了相关案例对理论的构建进行部分佐证，但是受到智能产品数量的限制，并没有充足的智能产品设计案例能用于对智能产品设计思维与方法所涉及的方方面面进行论证。

（2）完善对具身认知理论的研究

关于具身认知理论，虽然笔者对其进行了较为详尽的梳理，但具身认知理论本身就是跨学科研究，涉及的相关内容较多，范围较广，无法对其进行全面的研究。因此，在本论文中，笔者也仅涉及其中的一部分，希望在后续的研究中，能够进行更为深入地研究，从而丰富智能产品设计思维与方法的理论体系。相信随着越来越多的学者开展相关的研究，智能产品设计思维与方法将不断完善，并能够更好地指导智能产品设计。

（3）对智能产品设计研究持续关注

随着人工智能技术的发展，智能产品将逐步渗透人们日常生活的更多领域，也将给人们带来更为便捷、智能的生活。但伴随而来的相关问题也会逐渐暴露出来，比如个人隐私问题、伦理问题等。所以，今后笔者将对智能产品设计进行长期持续的研究，进一步完善基于具身认知理论的智能产品设计思维与方法。

参考文献

[1] 边鹏 . 技术接受模型研究综述 [J]. 图书馆学研究，2012，（01）：2-6+10.

[2] 蔡曙山，薛小迪 . 人工智能与人类智能——从认知科学五个层级的理论看人机大战 [J]. 北京大学学报（哲学社会科学版），2016，53（04）：145-154.

[3] 崔天剑，徐碧珺，沈征 . 智能时代的产品设计 [J]. 包装工程，2010，31（16）：31-34.

[4] 代福平 . 梅洛 - 庞蒂知觉现象学启示下的具身化体验设计思维初探 [J]. 创意与设计，2020，（01）：20-24.

[5] 杜孟新，方毅芳，宋彦彦，等 . 智能制造领域智能产品概念研究 [J]. 中国仪器仪表，2017，（09）：37-40.

[6] 方毅芳，宋彦彦，杜孟新 . 智能制造领域中智能产品的基本特征 [J]. 科技导报，2018，36（06）：90-96.

[7] 国家市场监督管理总局，中国国家标准化管理委员会 . 智能家用电器通用技术要求 [S]. 北京：中国标准出版社，2018.

[8] 韩冬，叶浩生 . 认知的身体依赖性：从符号加工到具身认知 [J]. 心理学探新，2013，33（04）：291-296.

[9] 韩连庆 . 技术意向性的含义与功能 [J]. 哲学研究，2012，（10）：97-103+129.

[10] 何灿群，吕晨晨 . 具身认知视角下的无意识设计 [J]. 包装工程，2020，41（08）：80-86.

[11] 何静 . 具身认知的两种进路 [J]. 自然辩证法通讯，2007，（03）：30-35+110.

[12] 胡洁斯，李琳 . 浅析具身认知理论于设计中的应用 [J]. 美术教育研究，2018，（09）：81.

[13] 黄培 . 对智能制造内涵与十大关键技术的系统思考 [J]. 中兴通讯技术，2016，22（05）：7-10+16.

[14] 黄群，钟煜岚 . 基于认知老化的高龄者智能产品设计要则 [J]. 包装工程，2018，39（12）：75-80.

[15] 焦阳 . 具身认知在产品设计中的应用研究 [D]. 江苏大学，2016.

[16] 李恒威，黄华新．表征与认知发展 [J]. 中国社会科学，2006，（02）：34−44+205.

[17] 李恒威，盛晓明．认知的具身化 [J]. 科学学研究，2006，（02）：184−190.

[18] 李恒威．认知主体的本性——简述《具身心智：认知科学和人类经验》[J]. 哲学分析，2010，1（04）：176−182.

[19] 李青峰．基于具身认知的手持移动终端交互设计研究 [D]. 江苏大学，2016.

[20] 刘铮．虚拟现实不具身吗？——以唐・伊德《技术中的身体》为例 [J]. 科学技术哲学研究，2019，36（01）：88−93.

[21] 梅洛－庞蒂．知觉现象学 [M]. 姜志辉，译．北京：商务印书馆，2001.

[22] 孟伟．涉身与认知：探索人类心智的新路径 [M]. 北京：中国科学技术出版社，2020.

[23] 诺曼．设计心理学 1：日常的设计 [M]. 小柯 ， 译．北京：中信出版社，2015.

[24] 庞蒂．行为的结构 [M]. 杨大春，张尧均，译．北京：商务印书馆，2010.

[25] 盛晓明，李恒威．情境认知 [J]. 科学学研究，2007，（05）：806−811.

[26] 施瓦布．第四次工业革命 [M]. 李菁，译．北京：中信出版社，2016.

[27] 孙凌云，张于扬，周志斌，等．以人为中心的智能产品设计现状和发展趋势 [J]. 包装工程，2020，41（02）：1−6.

[28] 孙凌云．智能产品设计 [M]. 北京：高等教育出版社，2020.

[29] 孙效华，张义文，侯璐，等．人工智能产品与服务体系研究综述 [J]. 包装工程，2020，41（10）：49−61.

[30] 谭浩，徐迪．基于情境的产品交互设计思维研究 [J]. 包装工程，2018，39（22）：12−16.

[31] 谭建荣，刘振宇，徐敬华．新一代人工智能引领下的智能产品与装备 [J]. 中国工程科学，2018，20（04）：35−43.

[32] 谭亮．构建公共空间中的具身交互设计模型 [J]. 湖南包装，2019a，34（03）：34−37.

[33] 谭亮．具身交互语境下的环境媒体设计：理论框架与研究进路 [J]. 美术学报，2019b，（02）：116−122.

[34] 唐佩佩，叶浩生．作为主体的身体：从无身认知到具身认知 [J]. 心理研究，2012，5（03）：3-8.

[35] 瓦雷拉，汤普森，罗施．具身心智：认知科学和人类经验 [M]. 李恒威，等译．杭州：浙江大学出版社，2010.

[36] 王宏飞．论人工智能产品的设计逻辑 [J]. 创意设计源，2019，（06）：43-47.

[37] 王瑞．基于自然交互方式的智能产品设计研究 [J]. 机械设计，2019，36（S1）：29-33.

[38] 王文韬，谢阳群，谢笑．关于 D&M 信息系统成功模型演化和进展的研究 [J]. 情报理论与实践，2014，37（06）：73-76+58.

[39] 王子铭．直接性的诉求——西方当代本源性哲学研究 [M]. 齐鲁书社，2007.

[40] 夏皮罗．具身认知 [M]. 李恒威，董达，译．北京：华夏出版社，2014.

[41] 徐威，王佳玥．浅析物联网时代智能产品的设计思维和策略 [J]. 艺术与设计（理论），2016，2（04）：104-106.

[42] 徐献军．具身人工智能与现象学 [J]. 自然辩证法通讯，2012，34（06）：43-47+126.

[43] 徐悬，刘键，严扬，等．智能化设计方法的发展及其理论动向 [J]. 包装工程，2020，41（04）：10-19.

[44] 杨楠，李世国．物联网环境下的智能产品原型设计研究 [J]. 包装工程，2014，35（06）：55-58+68.

[45] 叶浩生．“具身”涵义的理论辨析 [J]. 心理学报，2014，46（07）：1032-1042.

[46] 伊德．技术与生活世界：从伊甸园到尘世 [M]. 韩连庆，译．北京：北京大学出版社，2012.

[47] 易军，汪默．基于实体交互的智能产品设计方法 [J]. 包装工程，2018，39（02）：107-112.

[48] 张凯，焦阳．具身认知对产品设计的启迪 [J]. 设计，2016，（07）：62-63.

[49] 张尧均．隐喻的身体：梅洛－庞蒂身体现象学研究 [M]. 杭州：中国美术学院出版社，

2006.

[50] 中国社会科学院语言研究所词典编辑室 . 现代汉语词典（第 7 版）[M]. 北京：商务印书馆，2016.

[51] Allmendinger，G.，& Lombreglia，R. （2005）. Four strategies for the age of smart services. Harvard Business Review，83（10），131.

[52] Bloch，P. H. （1995）. Seeking the Ideal Form: Product Design and Consumer Response. Journal of Marketing，59（3）,16. doi: 10.2307/1252116.

[53] Brooks，R. A. （1991）. Intelligence without representation. Artificial Intelligence，47（1–3），139–159.

[54] Feenberg，A. （2003）. Active and passive bodies： Comments on Don Ihde' s Bodies in Technology. Techné： Research in Philosophy and Technology，7（2），125–130.

[55] Gutiérrez，C.，Garbajosa，J.，Diaz, et al. （2013，22–24 April 2013）. Providing a Consensus Definition for the Term "Smart Product" . Paper presented at the 2013 20th IEEE International Conference and Workshops on Engineering of Computer Based Systems （ECBS）.

[56] Kärkkäinen，M.，Holmström，J.，Främling，K., et al. （2003）. Intelligent products—a step towards a more effective project delivery chain. Computers in Industry，50（2），141–151. doi： 10.1016/s0166–3615（02）00116–1.

[57] Khosrow–Pour，M. （Ed.）. （2014）. Encyclopedia of Information Science and Technology （3th ed. Vol. 5）. Hershey，PA： IGI Global.

[58] Kreuzbauer，R.，& Malter，A. J. （2005）. Embodied Cognition and New Product Design： Changing Product Form to Influence Brand Categorization. Journal of Product Innovation Management，22（2），165–176. doi： 10.1111/j.0737–6782.2005.00112.x.

[59] Lindgaard，K.，& Wesselius，H. （2017）. Once More，with Feeling： Design Thinking and Embodied Cognition. She Ji： The Journal of Design，Economics，and Innovation，

3（2），83–92. doi：10.1016/j.sheji.2017.05.004.

[60] Loke, L., & Robertson, T.（2013）. Moving and making strange. ACM Transactions on Computer–Human Interaction, 20（1），1–25. doi：10.1145/2442106.2442113.

[61] Maass, W., & Janzen, S.（2007, June）. Dynamic product interfaces：A key element for ambient shopping environments. Paper presented at the 20th Bled eConference "eMergence：Merging and Emerging Technologies, Processes, and Institutions", Slovenia.

[62] Maass, W., & Varshney, U.（2008）. Preface to the Focus Theme Section："Smart Products". Electronic Markets, 18（3），211–215. doi：10.1080/10196780802265645.

[63] McFarlane, D., Sarma, S., Chirn, J. L., et al. Auto ID systems and intelligent manufacturing control. Engineering Applications of Artificial Intelligence, 16（4），365–376. doi：10.1016/S0952–1976（03）00077–0.

[64] Meyer, G. G., Främling, K., & Holmström, J.（2009）. Intelligent Products：A survey. Computers in Industry, 60（3），137–148. doi：10.1016/j.compind.2008.12.005.

[65] Smart products：An introduction, 158–164（2008）.

[66] Park, S.–M., Won, D. D., Lee, B. J., Escobedo, D., Esteva, A., Aalipour, A., . . . Gambhir, S. S.（2020）. A mountable toilet system for personalized health monitoring via the analysis of excreta. Nature Biomedical Engineering, 4（6），624–635. doi：10.1038/s41551–020–0534–9.

[67] Pfeifer, R., & Bongard, J.（2006）. How the body shapes the way we think：a new view of intelligence. London, England：MIT Press.

[68] Riedl, M. O.（2019）. Human–centered artificial intelligence and machine learning. Human Behavior and Emerging Technologies, 1（1），33–36. doi：10.1002/hbe2.117.

[69] Position paper on realizing smart products：challenges for Semantic Web technologies, 522 Cong. Rec. 135–147（2009）.

[70] Tan, L., & Chow, K. (2018). An Embodied Approach to Designing Meaningful Experiences with Ambient Media. Multimodal Technologies and Interaction, 2(2), 13. doi: 10.3390/mti2020013.

[71] Valencia, A., Mugge, R., Schoormans, J., et al. (2015). The design of smart product-service systems (PSSs): An exploration of design characteristics. International Journal of Design, 9(1).

[72] Van Rompay, T., & Hekkert, P. (2001). Embodied design: On the role of bodily experiences in product design. Paper presented at the Proceedings of the International Conference on Affective Human Factors Design.

[73] Ventä O. Intelligent products and systems. technology theme[M]. VTT Technical Research Centre of Finland, 2007.

[74] Visser W. The Cognitive Artifacts of Designing[M]. Boca Raton: Taylor & France, 2006.

[75] Zawadzki, P., & Żywicki, K. (2016). Smart Product Design and Production Control for Effective Mass Customization in the Industry 4.0 Concept. Management and Production Engineering Review, 7(3), 105-112. doi: 10.1515/mper-2016-0030.

[76] Zhang, M., Sui, F., Liu, A., et al. (2020). Chapter 1 - Digital twin driven smart product design framework. In F. Tao, A. Liu, T. Hu, & A. Y. C. Nee (Eds.), Digital Twin Driven Smart Design (pp. 3-32): Academic Press.

[77] Zheng, P., Lin, T.-J., Chen, C.-H., et al. (2018). A systematic design approach for service innovation of smart product-service systems. Journal of Cleaner Production, 201, 657-667. doi: https://doi.org/10.1016/j.jclepro.2018.08.101.

[78] Zimmermann, J. L., Clegg, M., de Bellis, E., et al. (2020). Smart Products Report 2020: Top 15 Insights: University of Lucerne and University of St. Gallen.

附　录

附录 1 Smart Products 的概念比较

作者 / 时间	智能产品定义	智能产品特性	目标
格伦·阿尔门丁格尔和拉尔夫·隆布雷利亚 /2005 年		感知和连接	通过建立产品的智能与智能服务，来创造新的商业模式。
沃尔夫冈·马斯等 /2008 年	具有数字表示的产品，能够适应各种情况和消费者。	1. 情境性（R1） 2. 个性化（R2） 3. 适应性（R2） 4. 主动性（R2） 5. 商业意识（R3） 6. 联网能力（R3）	如何将信息技术嵌入到有形产品中，从而创新信息系统和带来新的商业机会。
马克斯·穆尔豪斯 /2008 年	智能产品是一种实体（有形的对象、软件或者服务），在其生命周期的过程中为自组织地嵌入到不同（智能）环境中而被设计与制造，通过上下文感知、语义自我描述、主动行为、多模态自然界面、智能规划和机器学习等方式来改良产品与用户（p2u）和产品与产品（p2p）的交互，以此提供改进的简单性和开放性。		试图建立智能产品的简明定义，并得到广泛认同。

（续表）

作者 / 时间	智能产品定义	智能产品特性	目标
智能产品联盟 /2009 年	智能产品是一个自主的对象，它被设计为在其生命周期的过程中自组织地嵌入到不同环境中，并且可以进行产品与人之间自然的交互。智能产品能够通过使用环境的感知能力、输入和输出能力来主动接近用户，从而具有自我感知、情境感知和上下文感知能力。相关的知识和功能可以共享与分布在多个智能产品中，并且随着时间的推移而涌现。	1. 自主性 2. 情境感知和上下文感知 3. 自组织地嵌入到智能产品环境中 4. 主动接近用户 5. 支持用户贯穿于整个生命周期 6. 多模态交互 7. 支持程序的知识 8. 涌现的知识 9. 知识的分布式存储	提供一种行业适用、跨越生命周期的方法。
玛尔塔·萨布等 /2009 年		1. 上下文感知 2. 具有主动行为 3. 能够与其他产品联网交流	影响整个产品生命周期来实现经济的创新发展和有效的商业模式。
欧盟项目“智能产品” / 2012 年	智能产品是真实世界的物体、设备或软件服务，捆绑着关于自身及其能力的主动或反思性知识，并使与人类和环境自主交互的新方式成为可能。	1. 自解释的 2. 自组织 3. 可扩展的 4. 自我维持的	发展主动知识嵌入到智能产品的科学与技术的基础，其中智能产品能够与人类、其他产品和环境进行交流与合作。

附录 2　QR-Code 技术

1994 年，日本 DENSO WAVE 公司发明了 QR-Code。"QR-Code" 这一名称源自 "Quick Response"，其中包含了追求高速读取能力的研发概念。

QR-Code 的好处在于，日语当中的汉字也被纳入了编码模式之中，信息的存储更加方便（这也是它在中国流行的原因之一）。它有 3 个定位标志，即使扫描仪并没有完全直接对准二维码，也能被扫描出来，提高了工作效率。

以下是在中国范围内 QR-Code 技术的应用历程：

时间	事件
2002 年 7 月	王越在中关村成立了意锐新创。这是国内第一家成立的二维码开发应用公司，专注于核心技术二维码识读引擎软件的研发。
2004 年	中国移动在内部交流大会上将手机条形码业务提上议事日程，当时采用的还是来自 NTT DoCoMo 的条形码手机产品。
2005 年	（1）中国移动针对该业务立项招标，制定自己的业务规范，明确条形码业务为中国移动资料业务发展重点。 （2）中国移动开始在湖南长沙、上海试点手机二维码业务：长沙主要是与麦当劳合作进行手机二维码折扣券的试点工作（接入行业应用）；上海则是与影城合作开始试点手机二维码电子影票。 （3）北京推出第一本全部布满条形码的书，即《北京影视地理》。
2005 年	中国物品编码中心完成了汉信码的研发。
2006 年	意锐新创成功研制出我国第一款汉信码读取设备以及手机版汉信码引擎，并获得中国自动识别行业 2006 年度特殊贡献奖。
	同年 5 月，中国联通公司推出国内第一款条形码手机 ET980。
	同年 8 月，中国移动公司推出手机二维码应用条形码识别业务，并且与多家手机二维码解决方案提供商进行了合作。
	同年 9 月，卓越网成为中国首家运用中国移动二维码配合网络购物的电子商务平台。
	同年 12 月，在香港举办的 ITU 世界电信展上，中国移动等电信运营商高调展示了手机二维码应用。
	2006 年，国内开始出现二维码应用，但由于当时智能手机普及率低、网资费贵、用户习惯未养成，一露头便销声匿迹。再热起来是 2010 年，3G 时代已至。

（续表）

时间	事件
2007 年	2007 年，汉信码成为国家标准。
2009 年 12 月 10 日	中华人民共和国铁道部改版铁路车票，新版车票采用 QR-Code 作为防伪措施，取代以前的一维条形码。
2011 年	支付宝设计了一种 QR 码付款方式，该方式允许线下合作伙伴商店通过在支付宝钱包中扫描个人的 QR 码来接受付款。
	同年 7 月，支付宝发布手机条形码支付产品，正式进入线下支付市场，为小卖店、便利店等微型商户提供低价的收银服务。这是全球首个条形码支付应用，也是首次把无线支付从实验室带进市场的实际应用。
	2011 年，微信横空出世；同年 12 月就推出了“扫二维码添加好友”的功能。
2012 年	中国二维码市场爆发。同年 5 月，微信正式推出“扫一扫”功能，尝试以二维码为入口。（微信试水二维码的过程是由浅入深，并非一开始笃定。从最初设定二维码名片，以方便互加好友，到通过“扫一扫”实现微信网页版绑定浏览器，再到“微信会员卡”，为商家创造了吸引顾客的入口。“微信会员卡”是二维码直接带动的流行应用。商家将二维码置于店内海报、桌贴、户外广告等地，消费者打开微信“扫一扫”，即可领取该商家的会员卡。按优惠券的盈利模式，管道将通过商家广告费、会员人头费、订单提成等方式获得回报。）
	到了 2012 年之后，移动支付才真正受到关注。因为从这一年开始，智能手机、4G 及 Wi-Fi 网络在全国大规模覆盖，原本需要用到其他设备才能进行的网上交易，现在只要拥有一部随身携带而且能够快速联网的手机就能操作。
2013 年 8 月 5 日	微信 5.0 上线，“游戏中心”“微信支付”等商业化功能推出；2014 年 3 月开放微信支付功能。
2014 年	“滴滴”和“快的”展开了惨烈的厮杀，最主要的战斗方式，就是想尽办法让乘客扫二维码下载自家的打车软件。经过此役，扫码下载成为人们最常用的获取 App 的方法之一。
2015 年	意锐新创开发出了移动支付设备“派派小盒”（意锐小白盒）。微信支付、百度钱包等互联网金融平台都将“小白盒”作为线下终端支付首选设备。目前，“小白盒”在国内手机二维码支付领域占有率已达 60%。
2016 年	QR-Code 开始被共享单车广泛使用，用户只需要用手机扫描共享单车上的 QR-Code 即可开锁使用单车。（摩拜单车于 2016 年 4 月 22 日“地球日”当天在上海正式推出智慧共享单车服务。）
2018 年 5 月 28 日	上海地铁启用微信支付乘坐地铁的功能，乘客可以通过上海地铁官方应用“Metro 大都会”App，使用微信支付扫码乘车。
2019 年	根据交通运输部公布的资料，截至 2019 年 8 月底，中国互联网租赁自行车（共享单车）共有 1950 万辆，覆盖全国 360 个城市，注册用户数超过 3 亿人次，日均订单数达到 4700 万单。
2020 年 2 月 7 日	全国首张健康码——“余杭绿码”在杭州上线。2 月 11 日，杭州健康码率先在支付宝上线，用红、黄、绿三色动态管理个人健康码状况，成为疫情时期的“电子路条”。从杭州起步，健康码逐渐覆盖至全国。截至 5 月 5 日，腾讯防疫健康码已覆盖 10 亿人口，累计亮码超过 70 亿人次，累计访问量突破 200 亿次。

附录 3　TOTO 诺锐斯特智能全自动电子坐便器功能示意图

自动功能 便利的功能

本产品装有自动功能。
- 下列表示为初始设定时的动作状态。

功能	接近	就座	起身	离开	■须知	■请根据您的喜好设定
自动冲水 **自动便器冲洗**	使用便座时		冲水 （约 10 秒后）		·以下情况时，不执行自动便器冲洗。 →·便器冲洗后的约60秒内 （经过约60秒以后，使用遥控器进行冲洗） ·坐在便座上的时间或站在便器前面的时间※1少于约6秒时 （使用遥控器进行冲洗）	·「自动便器冲洗」的开 / 关 ·「到开始冲水」 （5 秒 /10 秒 /15 秒） （全部第 40 页）
	站着使用便器时			冲水 ※1 （离开约 30cm 以上并经过约 3 秒后，就开始「小冲洗」）	·根据坐在便座上的时间，大、小冲洗方式自动切换。 约 6 至 30 秒 :「小冲洗」 约 30 秒以上 :「大冲洗」 ·向水箱内注水时（本体显示部的指示灯闪烁时），不能进行冲洗。	
便盖自动地打开 **自动便盖开闭**※2	使用便座时 自动打开便盖 ··········▶		自动关闭便盖 （约 90 秒后）		·室温超过 30℃时，因感应器检测功能不启动，便盖有可能不会被自动打开。 （此时，请用手打开或关闭便盖） ·用手关闭便盖时，在约 15 秒内不能启动自动打开功能。 （此时，请用手打开或关闭便盖） ·没有坐到便座上时，坐在便座上或站在便器前的时间很短时，便盖过约 5 分钟才会自动关闭。	·「自动便盖开闭」的开 / 关 ·「到便盖关闭」 （25 秒 /90 秒） （第 42 页） ·「到便盖打开」 （15 秒 /30 秒 /90 秒） ·「打开方式」 （便盖 / 便座便盖） （第 44 页）
	站着使用便器时 自动打开便盖 请用遥控器打开便座。 ··········▶			自动关闭便盖、便座 （离开约 30cm 以上并经过约 90 秒后）		

※1　DH1情况下，站着使用便器时，不执行自动便器冲洗。
※2　DH1 以外

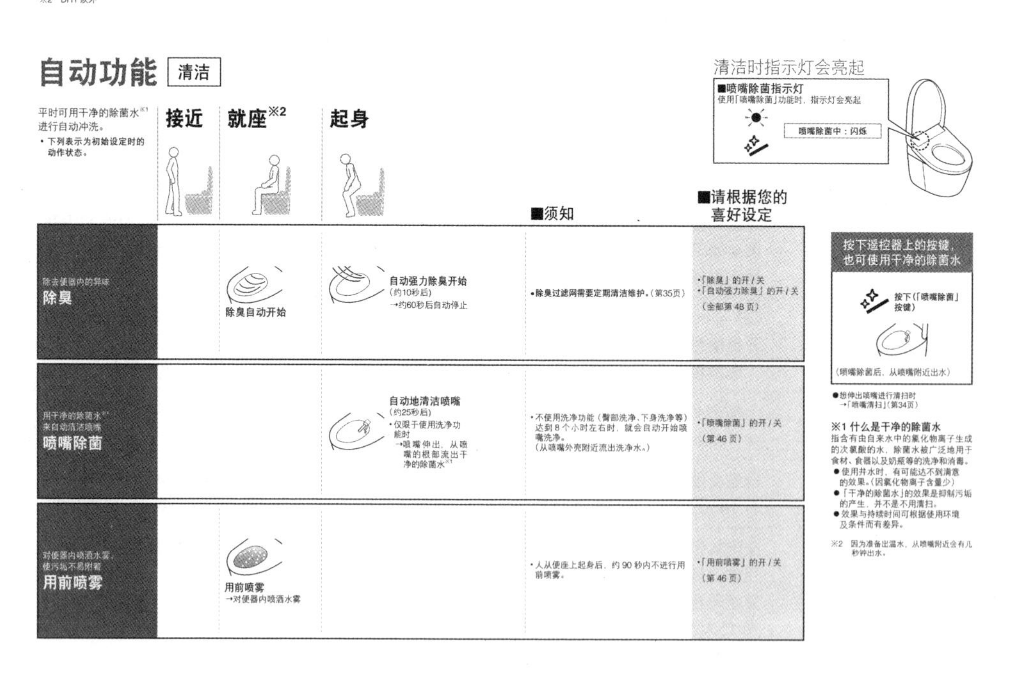